花与花语

184种常见四季花卉手册

[日] 山田幸子 著

石衡哲 译

人民邮电出版社

北京

目录

如何使用本书

年历

园艺开花期: 一般是指气候暖和之地的开花时期。温室里由于开花期被人为调整等原因, 该年历并不一定适用。

切花 (盆花) 流通期: 是指在花店上市的时期, 在最繁盛的时期流通交易叫作 "粗线", 除此之外, 在其他时期流通交易的叫作 "细线"。

园艺管理: 记载种植幼苗的时期。

花名

广泛流传的植物名称。还有学名、流通名、别名等各种各样的名称。

芍药

每个国家喜好不同 拥有8种花形

都说 "立如芍药", 这是一种用来比喻美人的花, 自公元前以来一直被作为药草来栽培。在原产地中国, 人们从宋朝开始培育芍药, 据说那时候重瓣型备受珍视。日本奈良时代引进芍药, 在850年左右的《诸国俚人志》里记载了 "为了小野小町, 在出羽国小町村种植了99株芍药"。江户时代, 兴起了品种改良的热潮。在日本, 似乎单瓣型和瓮型等清爽的花形更有人气, 至今尚留存着安藤宏重等画家描绘的芍药作品。18世纪, 芍药传入欧洲, 花瓣厚实的重瓣型品种诞生, 并被马奈、莫奈等印象派画家所描绘。

因此, 芍药被分为单瓣型、半重瓣型、芍药为黄色的金蕊型、纤细的花瓣向中心聚集的瓮型、中心的内瓣大大突出的皇冠型、内瓣呈球状突出的绣球型、蔷薇型、半蔷薇型这8大类花形, 这可以作为观赏的线索依据。同类品种中的山芍药以及红花山芍药则是日本原产, 被作为山野草来栽培。

	1月	2月	3月	4月	5月	6月	7月	8月	9月	10月	11月	12月
园艺开花期												
切花流通期												
园艺管理										种植		

品种名、花色等

品种的小名、同类品种名、流通名等。

山芍药

红花山芍药

山芍药
会津红花

原产地: 中国、俄罗斯、西伯利亚
学名: Paeonia lactiflora
科名: 芍药科
别名: 惠比寿久佐、惠比寿久须利
分类: 多年生草本 (宿根草)
株高: 50~90cm
耐寒性/耐热性: 强・普通

诞生花 5月12日

花语
腼腆/害羞/
怯生

花色
白/红/粉/黄/紫

32

基本信息

原产地: 园艺植物本身并没有原产地之说, 而是品种交配起源的野生种子、原种的原产地。

别名: 至今为止在日本被广泛使用的称呼。

分类: 根据日本气候, 分为一年生草本、多年生草本 (宿根草)、藤蔓类草本等。

株高、树高: 主要品种的标准株高、树高。

耐寒性/耐热性: 主要品种的性质, 根据栽培条件不同而有所差异。

诞生花: 不同国家和地域有各种说法, 没有统一的纪念日。

花语: 关于该词如何起源在西方, 说法各异。Charlotte de La Tour所著的《花之语》一书的译本传入日本后, 对花语有了更多的解释。

春
Spring

三色堇与紫百合

漫长的育种历程造就了至高无上的花色与花形

你知道三色堇与紫百合有什么区别吗？从类目上看，两者完全是同一种植物。根据育种不同，花朵大小在直径4cm以上的园艺品种是"三色堇"，比这个尺寸更小的品种或是原种才是紫百合。

19世纪上半叶，归功于有"三色堇之父"之称的英国园艺家汤姆逊，三色堇诞生了。他在野生草原上发现了带有黑色斑点的变异品种紫罗兰后，决心要栽培出具有这种花卉图案的园艺品种。在之后的培育过程中，花的大小逐渐脱颖而出。

紫百合

紫百合的原生种多种多样，能够孕育出丰富多彩的花色。它的缤纷色彩让人们为之着迷，它甚至被称作"唯一一种即使没有香气也能如此受人喜爱的花"。

古早时期出现的紫百合是散发芳香的香水堇（原生种香水兰），然而三色堇的祖先是几乎没有香味的"三原色"。它是由深紫色的原生种阿尔泰地蔷薇、距形花与黄色的洋地黄等品种进行杂交，最终诞生了现在看到的三色堇。江户时代末期，日本也引进了三色堇，并受到人们的喜爱。

　日本最早开始了世界第一代交配种（F1）的宏大培育工程，同时三色堇育种居世界领先水平。随后，无斑点的、粉彩色的、花瓣明暗区分的，或是边缘精致的，各式各样的品种相继登场，掀起了20世纪90年代的园艺热潮。

　　在日本，另一项重大的育种成果便是诞生了能够在冬季开花的三色堇品种。即原本只在春季开花的三色堇，现在成了能够从秋季直到春季持续绽放半年以上的品种。

　　之后，有独特混合色的彩虹堇、紫色加深的黑色系、复古色调等有细微色度差异的品种开始流行起来。同时，也诞生了轮廓小、外形像兔子的紫百合，博得了较高的人气。

　　最近，尤其引人注目的当属重瓣品种仙女纱了，它有着薄纱似的多重花瓣，梦幻般的存在。这是用特殊的组织分裂克隆培养，生成了与母体一模一样的花瓣，单靠播种是培育不出的，因此这种花的寿命也更长。这是一项创新性的技术。

　　丰富多样的三色堇品种被陆续培育出来，今后将成为使花园熠熠生辉的角色。

仙女纱（Fairy Tulle）
哈顿（Harden）（三色堇）（Pansy）

蝴蝶花（紫百合）（Viola）

爱丽丝

观光胜地与品种改良
江户时代的一大热潮

爱丽丝（鸢尾属）在世界上约有250种同类。其中最华丽、花色最丰富多样的园艺品种为德国爱丽丝（德国鸢尾）。原本是由欧洲野生的德国鸢尾交配而成，近年来在美国兴起，并进行了品种改良。而在日本，以遍布西伯利亚的鸢尾花为首，杜若花、野花菖蒲等6、7种同类品种争相开放，夺人眼目。

花菖蒲是野花菖蒲的改良品种。日本江户时代中期，松平定朝培育出了多个花菖蒲品种，并因此设立了作为观光胜地的菖蒲园，成为当时一大热潮。此趋势蔓延至全日本，江户系、伊势系、肥后系等一系列品种相继诞生。鸢尾花、花菖蒲等容易被误认为是水生植物，然而并非如此，鸢尾花生长于旱地，花菖蒲生长于湿地，而杜若花则是水生植物。切花也适合水养，在花瓶中加入少量水即可。

花菖蒲
花瓣底部有黄色斑纹，6月开花

德国爱丽丝
（Iris Geman Hybrid）

花瓣底部有形如刷子的毛，
5~6月开花

鸢尾花

特征是花瓣底部有网眼状纹路，
4~5月开花

原产地：温带
学名：Iris
科名：鸢尾科
别名：鸢尾花
分类：多年生草本
（宿根草）、球根类
株高：10~60cm
耐寒性/耐热性：
强・普通

诞生花 5月23日

花语
美满/绝佳的婚姻/
彩虹的使者

花色
白/红/紫/淡紫/
黄/淡红/橙/黄褐

	1月	2月	3月	4月	5月	6月	7月	8月	9月	10月	11月	12月
园艺开花期												
切花流通期												
园艺管理									种植			

石松花

美丽的叶片如铺向地面的毯 花也值得欣赏

原产地: 欧洲、
中近东波斯
学名: Ajuga
科名: 紫苏科
别名: 西洋石松
分类: 多年生草本
（宿根草）
株高: 15~20cm
耐寒性/耐热性:
-8℃·普通

诞生花 4月26日

花语
安心的家庭/
紧密相连的友情

花色
粉/蓝紫

石松花的茎从根部开始匍匐缠绕生长的过程中，根也逐渐生长开来。它是院子里常见的地被植物，一到春天，花茎如塔一般直立生长起来，上面会开出许多清爽的蓝紫色的小花。花朵后的叶片如同覆盖地面般伸展扩大，也能起到防止杂草丛生的作用。有的园艺品种叶片上呈现斑点纹路，此外，日本野生的"十二单衣"也是其同类品种。

	1月	2月	3月	4月	5月	6月	7月	8月	9月	10月	11月	12月
园艺开花期												
盆花流通期												
园艺管理			种植							种植		

羽衣草·莫里斯

色泽明亮的叶片与淡黄色花朵 适合与各种各样的花搭配

原产地: 欧洲
学名: Akbemilla mollis
科名: 蔷薇科
别名: 女性之幔
分类: 多年生草本
（宿根草）
株高: 30~50cm
耐寒性/耐热性:
-10℃·弱

花语
闪耀/初恋/奉献的爱

花色
黄

一到夏天会开出许多淡黄色的小花。叶片边缘呈锯齿状，柔软而圆润地扩张开，表面覆盖着微小的绒毛，就连晨露也能凝成露珠滴落。花朵色彩明亮却不张扬，无论是一整束还是与其他种类的花混合搭配都很有人气。另一品种的乌鲁加里斯（Vulgaris）是有益于女性健康的药草，因而受人喜爱。莫里斯则是观赏型植物，不可作为药草使用。

羽衣草·莫里斯由于其叶片形状让人联想到圣母玛利亚的斗篷，因而也被称作"女性之幔"。

	1月	2月	3月	4月	5月	6月	7月	8月	9月	10月	11月	12月	
													园艺开花期
													切花流通期
				种植						种植			园艺管理

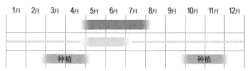

安祖花

开花的观叶植物
有视觉冲击的花姿
切花也很有人气

原产地：厄瓜多尔、哥伦比亚
学名：Anthurium
科名：天南星科
别名：大红团扇、花烛
分类：多年生草本、温室植物
株高：60~75cm
耐寒性/耐热性：15℃·普通

诞生花 11月13日

花语
戏谑的恋情/热情/
强烈的印象

花色
佛焰苞：白/红/
粉红/绿/紫/茶色/混合色

色彩鲜明的心形部分并不是它的花，而是天南星科里能够见到的佛焰苞，其尾部纤长突出的地方密集生长着微小的花。它作为观叶植物受人喜爱，表现它的姿态，在英语里也叫作"尾巴花"（Tail Flower）。在多达600种的安祖花属品种中，享有较高人气的红掌花在日本也被称作"大红团扇"，以浓烈鲜红的大型花朵姿态而广为人知。最近，粉色、白色等小型花朵的切花也很有人气。

	1月	2月	3月	4月	5月	6月	7月	8月	9月	10月	11月	12月
园艺开花期												
切花流通期												
园艺管理					种植							

牛舌草

不仅能够远观欣赏
还有许多实用价值

原产地：南非
学名：Anchusa
科名：紫草科
别名：非洲勿忘草
分类：一年生纤弱草本
株高：20~45cm
耐寒性/耐热性：
0℃·弱

花语
不可信任的你/
追求真正的爱

花色
白/蓝

作为切花和园艺用花而上市的是卡班西斯（Capensis）。由于跟勿忘草较相似，能够看到很多可爱的小花，因此有了"非洲勿忘草"这个别名。同类品种"芦笋"则是有用的药草。也被叫作"紫草根"，花朵可食用，根可作为褐色-红色系列染料被利用。干燥后的叶片会产生独特的香气，被用作百花香和香料袋等，是除了观赏价值之外还拥有多种用途的花。

1月	2月	3月	4月	5月	6月	7月	8月	9月	10月	11月	12月	
												园艺开花期
												切花流通期
		种植							种植			园艺管理

银莲花

由十字军带到欧洲
深受花卉画家们喜爱的花

原产地: 地中海沿岸
学名: Anemone
科名: 毛茛科
别名: 花一华、牡丹一华
分类: 球根类
株高: 10~40cm
耐寒性/耐热性:
-10℃·普通

诞生花 4月23日

花语
饱含期待/渺茫的梦想

花色
红/粉/蓝/紫/
白/混合色

在上百种同类品种中，一般说起银莲花，指的就是Coronaria（牡丹一华）。17世纪在欧洲的法国、比利时等国涌现的Jan.Brueghel等"花之画家"们，怀着热爱之情描绘出可爱的花。银莲花开花后从单瓣到重瓣，有紫色、蓝色、白色、红色等美丽的花色，从小小的球根生长出数根花茎，是具有人气的球根植物。小型的布兰达也是以球根或盆苗等形式上市。

在日本也自然生长着一轮草、东一华等银莲花的同类品种，大多是个头矮小、开着白色小花的野生草。这些则不是球根植物了，而是地下茎不断扩展生长的多年生草本植物，与在背阴庭院里的樟子松一样，以盆苗的形式流通上市。

牡丹一华 (Coronaria)
很久以前开始较有人气的德卡恩和八重花瓣的圣布丽姬等经常在市面上看到

布兰达 (Blanda)
在欧洲东南部的林间盛开的约10cm高的春季植物

樟子松 (Sylvestris)
高约40cm，春夏至秋季为背阴处增添明亮，是盛开白色花朵的多年生草本

	1月	2月	3月	4月	5月	6月	7月	8月	9月	10月	11月	12月
园艺开花期												
切花流通期												
园艺管理									种植			

原产地：欧亚大陆中部
学名：Allium
科名：葱（百合）科
别名：花葱
分类：球根类
株高：100~120cm
耐寒性/耐热性：
-10℃·普通

诞生花 7月14日

花语
正确的主张/百折不挠的心

花色
紫/黄

葱属花

大颗的花葱
传入英国和日本

　　葱属的日式名竟是花葱，它与大蒜、薤、韭菜、洋葱是同类品种，是拥有多达400~450个同类品种的"大家庭"。大部分是秋植球根，种植在庭院里，或是以切花栽培，也就是说大花葱有较高的观赏价值。最有代表性的是硕葱，花如其名，盛开着巨大的球形花葱。探险家奥多诺万（O'Donovan）在欧亚大陆中部的梅尔夫古城采集，1883年在伦敦的英国自家植物园（Kew Garden）开花了。1936年传入日本，战后开始普及。花茎长1m以上，小花聚集成直径10~15cm的球状。不喜酸性土壤，球根易腐坏，因此不可种完置之不理。花形给人视觉冲击，不论切花还是庭院种植都很有人气。

　　常被用作药草的细香葱也是葱属花的同类品种，但它无法形成球根，而是每2~3年进行一次分根增长，如此反复后叶片容易变得僵硬，因此，还是以播种的形式为好。

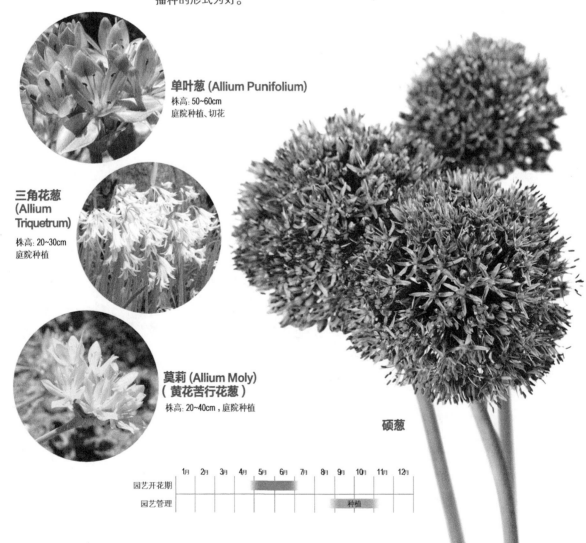

单叶葱 (Allium Punifolium)
株高：50~60cm
庭院种植、切花

三角花葱 (Allium Triquetrum)
株高：20~30cm
庭院种植

莫莉 (Allium Moly)
（黄花苦行花葱）
株高：20~40cm，庭院种植

硕葱

	1月	2月	3月	4月	5月	6月	7月	8月	9月	10月	11月	12月
园艺开花期					▬	▬						
园艺管理									种植			

六出花

原产地: **南美洲**
学名: **Alstroemeria**
科名: **水仙百合科**
别名: **水仙百合、
梦百合草、
印加百合**
分类: **球根类**
株高: **40~60cm**
耐寒性/耐热性:
-5℃・普通~稍弱

诞生花 8月1日

花语
异国情调/
小恶魔的思念

花色
红/粉/白/黄/
橙/紫/混合色

林奈发现了
装饰全世界房间的花

六出花是植物分类学之父林奈根据他的友人——瑞典植物学家Clausvon Alstroemer男爵的名字命名的。在秘鲁、巴西等南美洲国家有约50个同类品种，除了原产地智利北部的佩莱格里纳之外，在安第斯山脉的高寒地区也自然生长着。英国与荷兰盛行品种改良，1926年引入日本。它有多彩光润的花色，存活力强且品种多样，作为切花在20世纪70年代收获了较高的人气。

这种花的一大特征是，花瓣上有为引诱昆虫而存在的斑点、斑纹，据说根据种植的主人和国家不同而呈现差异。近年来也出现了模样大不相同的斑点较少的品种，以及适合盆栽的小型品种等，园艺品种十分丰富。

**佩莱格里纳
阿鲁巴
(Peregrina
Alba)**

	1月	2月	3月	4月	5月	6月	7月	8月	9月	10月	11月	12月
园艺开花期												
切花流通期												
园艺管理			种植									

梅

在《万叶集》中被多次吟唱
代表早春的花

原产自中国，白梅、红梅分别于奈良时代、平安时代传入日本。在《万叶集》里被多次吟唱，那个时候，一说起"花"，人们就想到"梅"。同时，菅原道真那首《东风吹 梅香满人间》唱的也是梅花。它是具有浓郁香气的五瓣之花，颜色各异，有"移红"和"里红"的细微呈现，枝丫的姿态也惹人可爱，可以说是将人的审美与春天相结合的花。

在江户时代，还培育出了花梅、果梅等多个园艺品种。

原产地: 中国
学名: Prunus mume
科名: 蔷薇科
别名: 梅花
分类: 落叶乔木
树高: 200~1000cm
耐寒性/耐热性:
−10℃·普通

诞生花 1月7日

花语
不屈的精神/
高洁/澄澈之心

花色
白/粉/红/混合色

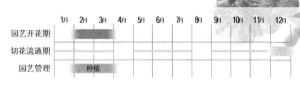

	1月	2月	3月	4月	5月	6月	7月	8月	9月	10月	11月	12月
园艺开花期		■	■									
切花流通期												■
园艺管理		种植										

金雀花

象征着五谷丰登
预言丰收的黄色之花

金雀花于江户时代引进日本，是高1~3m的灌木，细小的枝条像倒立的扫帚，一到春天会盛开许许多多的黄色小花。人们喜欢将它作为庭院的树木。此外，英国很早就将它作为扫帚的材料来使用。开花较多的一年代表小麦丰收，因此，它也是五谷丰登的象征。其他品种，例如公主金雀花，则是以盆花流通上市的小型品种。

原产地: 地中海沿岸
学名: Cytisus scoparius
科名: 豆科
别名: 金雀枝、紫雀花
分类: 落叶灌木
树高: 100~300cm
耐寒性/耐热性:
−10℃·普通

诞生花 3月13日

花语
清纯的少女/
谦逊的心情

花色
黄/混合色

	1月	2月	3月	4月	5月	6月	7月	8月	9月	10月	11月	12月	
					■	■							园艺开花期
						■							切花流通期
		种植											园艺管理

虾脊兰

从白色、粉色到茶色、黑色
如同绘画工具箱里的丰富色彩

以东亚为中心，广泛分布于温带至热带区域，有春季开花和夏季开花的品种，但日本原产的虾脊兰一般是春季开花。一到开花期，花茎直立生长起来，花朵呈穗状一圈一圈地盛开。由于地下连接着像球根一样的假鳞茎，形似虾的背脊，因此有了虾脊兰这一花名。容易与黄海老根等其他虾脊兰品种杂交，因此在不同地区能够看到各种各样的杂交品种。同时，在品种改良的影响下，也诞生了丰富多彩的同类品种。

原产地：日本、朝鲜半岛南部、中国东部至南部
学名：Calanthe
科名：兰科
别名：虾根、地虾脊兰、虾兰、栉梳、竈神草、铃草、他偷草
分类：多年生草本（宿根草）
株高：30~50cm
耐寒性/耐热性：
普通（也有较弱的品种）·普通（也有较弱的品种）

花语
象征诚实/性格开朗

花色
白/粉/红/橙/黄/绿/紫/茶/黑/混合色

	1月	2月	3月	4月	5月	6月	7月	8月	9月	10月	11月	12月
园艺开花期												
园艺管理				种植							种植	

灯盏花

从变化的花色
联想到交战和善变

纤细的枝条多头生长，仿佛将根株覆盖似的开出了许许多多花。日式名叫源平小菊。白花在盛开的过程中会变成粉色，不同花色混杂着绽放。因此一听到花色会变，自然能够理解它的花语是"善变"了。作为同样是灯盏花属的品种，有生长在日本山野草原的"东菊"，还有从美国传入的杂草"春紫菀"和"姬女菀"等。

原产地：墨西哥、巴拿马
学名：Erigeron
科名：菊科
别名：源平小菊、灯盏翠菊
分类：多年生草本（宿根草）
株高：10~20cm
耐寒性/耐热性：
−10℃·普通

诞生花 5月27日

花语
远远地守护/性情不定

花色
白/粉

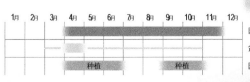

	1月	2月	3月	4月	5月	6月	7月	8月	9月	10月	11月	12月	
													园艺开花期
													盆花流通期
			种植				种植						园艺管理

原产地：欧洲南部
学名：Erysimum
科名：十字花科
别名：香紫罗兰、糖芥
分类：多年生草本（秋季
一年草）
株高：10~60cm
耐寒性/耐热性：
-10℃·普通

诞生花 4月9日

花语
永恒的爱情/
逆境中也不变的爱

花色
红/橙/黄/白

桂竹香

传来的香气
是遥远南欧的风景或传说

原产地为欧洲，据说因为常在古老的土墙上盛开，所以被叫作Wallflower。另一种说法则是，私奔的男女翻越城墙逃离后，那块地方开出了这种花，花名也由此传说而来。正如其日式花名"香紫罗兰"一样，是香气宜人的花。据说旧学名Cheiransasu在希腊语中是手捧花的意思，被用来制作捧在手上的芳香花束。

	1月	2月	3月	4月	5月	6月	7月	8月	9月	10月	11月	12月
园艺开花期												
盆花流通期												
园艺管理			种植									

虎眼万年青

如花语所表达的
耀眼美丽的纯白

具有代表性的品种文柏拉斯姆（Umellatum）英文名为伯利恒之星（Star of Bethlehem），人们将光芒闪耀的白花比作繁星，称之为"伯利恒之星"。洁白无瑕的花朵适合作为婚礼上的花束，同时，阿拉比卡姆（Arabicum）和西仑以苔丝（Thyrsoides）等也被作为切花上市。

原产地：欧洲、西亚
学名：Ornithogalum
科名：百合科
别名：大甘菜
分类：球根类
株高：10~20cm
耐寒性/耐热性：
-5℃·普通

诞生花 1月14日

花语
洁白/纯粹的心/
有才能的人

花色
白

	1月	2月	3月	4月	5月	6月	7月	8月	9月	10月	11月	12月	
													园艺开花期
													切花流通期
				种植									园艺管理

酢浆草

太阳出来时开花
雨天或夜间则休息

原产地: **全世界**
学名: Oxalis
科名: **酢浆草科**
别名: **酸浆草**
分类: **球根类**
株高: 10~30cm
耐寒性/耐热性:
因品种而异·普通

诞生花 3月2日

花语
绝不抛弃你/
母亲的温柔

花色
黄/白/粉/紫
橙/混合色

**鲜黄酢浆草
罗贝塔 (Lobal)**
秋季开花

**紫衣酢浆草
(Variabilis Purple
Dress)**
秋至春季开花

在多达850种酢浆草科的同类中，球根型的品种被叫作酢浆草。市面上用于园艺种植的品种有约20种，不同品种的开花期各异，有秋季开、冬季开、春季开和四季开等。叶片的色彩也多样，杂色酢浆草（Versicolor）是细线状的叶片，三叶酸则是紫红、银白的三角形叶片，等等。花朵对光的反应较敏感，日间绽放，夜间或阴天的时候花瓣闭起。

**三叶酸
(Triangnlaris)**

	1月	2月	3月	4月	5月	6月	7月	8月	9月	10月	11月	12月
园艺开花期			根据品种不同分为秋季开、冬季开、春季开和四季开等									
园艺管理			种植	春~夏开花的品种				种植		秋~冬开花的品种		

原产地: **欧洲**
学名: Orlaya
科名: **芹科**
别名: **白色蕾丝**
分类: **多年生草本（一年草）**
株高: **约60cm**
耐寒性/耐热性:
强·弱

花语
沉稳的静寂/怜悯之心

花色
白

蕾丝花

虽然华丽美观
但也能较好地衬托周边环境

原本只是欧洲的野花，然而伴随着英国园艺热潮的兴起，逐渐享有人气。外形像蕾丝做的花，具有稍许华丽的姿态而又结实牢固。不露声色地衬托着别的花，种植在色彩丰富的花园里，能让整片区域变得明亮而有生机。结实的花茎适合水养，也便于搭配各类花卉。自然掉落的种子在第二年生根发芽。

	1月	2月	3月	4月	5月	6月	7月	8月	9月	10月	11月	12月	
													园艺开花期
											种植		园艺管理

蓝眼菊

花色多样性不断丰富
越来越便于人们使用

阿曼达
(Amanda)

奥利维亚
(Olivia)

索尼娅
(Sonia)

　　花形像倏地睁开水灵灵的大眼睛似的，端正而美观。花瓣夜晚闭起，白天绽开，这一特性使人不禁想到它的花语"身心健康"。花色以粉色和白色为主，而近年来也出现了橙色、黄色、红色系等多样的品种，人气急剧上升。过去的品种不具备耐寒性，后来培育出了在-5℃环境下也能存活的品种。它跨越冬季、从早春直到初夏都能相继盛开。这也是蓝眼菊人气很高的原因。

　　金盏菊跟蓝眼菊外形非常像，以前二者曾被分为同一类品种，现在则是不同属目了。在日本，从种子开始培育起来的金盏菊是一年生草本，而以插条方式繁殖的蓝眼菊则是多年生草本。两者交配后在全世界诞生了数百种园艺品种，甚至还培育出了花瓣前端像勺子形状、中端纤细的独特品种。

	1月	2月	3月	4月	5月	6月	7月	8月	9月	10月	11月	12月
园艺开花期												
盆花流通期												
园艺管理			种植		种植							

原产地：南非
学名：Osteospermum
科名：菊科
别名：非洲雏菊
分类：多年生草本（宿根草）
株高：25~50cm
耐寒性/耐热性：
普通·普通

诞生花 4月17日

花语
身心健康/
活力、愉悦

花色
紫/白/橙/
黄/粉/红/混合色

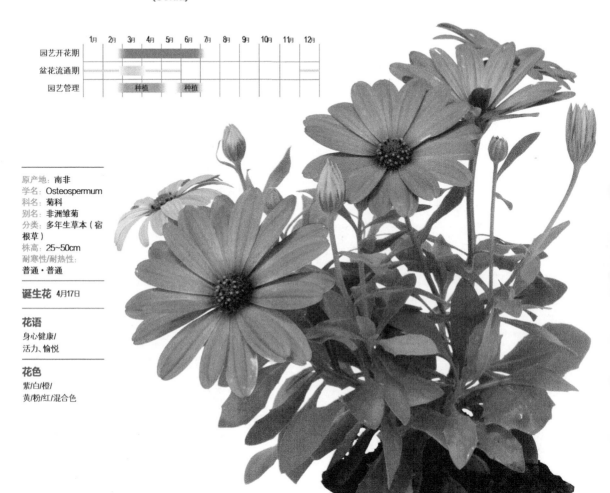

苎环

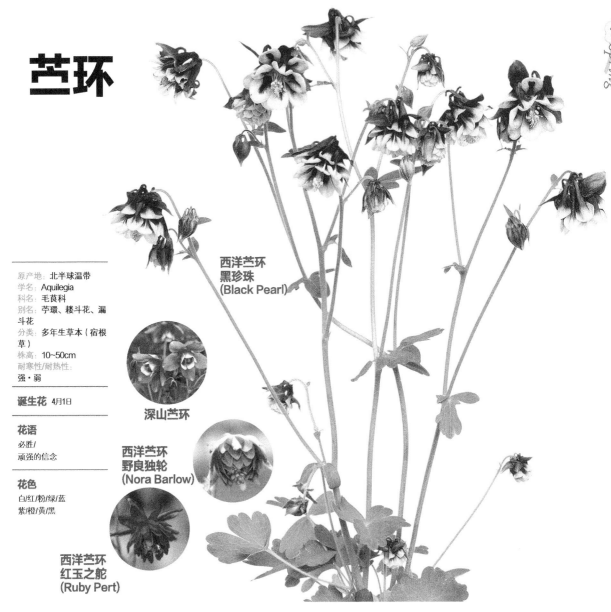

原产地：北半球温带
学名：Aquilegia
科名：毛茛科
别名：苧環、耧斗花、漏斗花
分类：多年生草本（宿根草）
株高：10~50cm
耐寒性/耐热性：强·弱

诞生花 4月1日

花语
必胜/
顽强的信念

花色
白/红/粉/绿/蓝紫/橙/黄/黑

西洋苎环
黑珍珠
(Black Pearl)

深山苎环

西洋苎环
野良独轮
(Nora Barlow)

西洋苎环
红玉之舵
(Ruby Pert)

西方的命名来源于其独特的花形

　　萼片底部向后突起的部分，叫作"距"，独特的花形是其特征。花的形状与日本卷起的麻绳"苎环"十分相像。1755年，在《绘本野山草》中就记载了这种很久以前就受人喜爱的花。在西方，人们将苎环的"距"比喻为"鹰爪"和"水壶嘴"，因此，它被命名为拉丁语**Aquilegia**（耧斗花）。在北半球的温带有约**70**种同类。在日本，分布于北海道到本州中部的是"深山苎环"，分布于本州以南区域的是"山苎环"。原产于中国的是没有"距"的"风铃苎环"。这种耷拉着脑袋盛开的花给人楚楚可怜的印象，蓝灰色的叶片也十分美丽。

　　与之相对，原产欧洲的苎环在日本被叫作"西洋苎环"。苎环本身比较容易杂交，因此它的园艺品种非常多，特别是西洋苎环与北美产的大轮种杂交后，会诞生大量美艳动人的品种。同时，西洋苎环的株高也比日本的苎环要高，因此将它作为切花也很有人气。

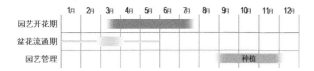

	1月	2月	3月	4月	5月	6月	7月	8月	9月	10月	11月	12月
园艺开花期												
盆花流通期												
园艺管理									种植			

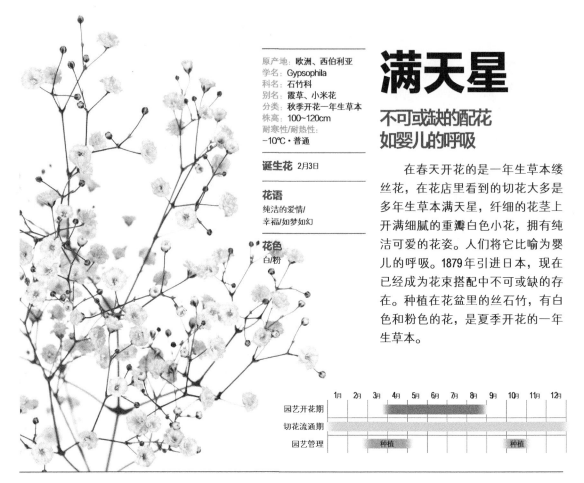

原产地：欧洲、西伯利亚
学名：Gypsophila
科名：石竹科
别名：霞草、小米花
分类：秋季开花一年生草本
株高：100~120cm
耐寒性/耐热性：
-10℃·普通

诞生花 2月3日

花语
纯洁的爱情/
幸福/如梦如幻

花色
白/粉

满天星

不可或缺的配花
如婴儿的呼吸

在春天开花的是一年生草本缕丝花，在花店里看到的切花大多是多年生草本满天星，纤细的花茎上开满细腻的重瓣白色小花，拥有纯洁可爱的花姿。人们将它比喻为婴儿的呼吸。1879年引进日本，现在已经成为花束搭配中不可或缺的存在。种植在花盆里的丝石竹，有白色和粉色的花，是夏季开花的一年生草本。

	1月	2月	3月	4月	5月	6月	7月	8月	9月	10月	11月	12月
园艺开花期				■	■	■	■	■				
切花流通期												
园艺管理			种植						种植			

原产地：地中海沿岸
学名：Dianthus
科名：石竹科
别名：荷兰石竹、麝香石竹、丁香粉
分类：多年生草本（宿根草）
株高：30~100cm
耐寒性/耐热性：
0℃·弱

诞生花 2月16日

花语
深情无瑕的爱/
相信爱

花色
红/粉/白/黄/
紫/橙/绿/混合色

康乃馨

古时献给宙斯神
现在则是献给母亲的花

在远古时代是深受希腊人、罗马人喜爱的花，拥有漫长的栽培历史，也兴起过品种改良活动，于江户时代传入日本。1907年，美国的安娜·贾维斯在母亲的忌日当天，向聚集在教堂的每个人分发了白色的康乃馨。据说从此以后，康乃馨就成为了母亲节专属的花。

	1月	2月	3月	4月	5月	6月	7月	8月	9月	10月	11月	12月	
				■	■	■		■	■	■			园艺开花期
													切花流通期
									种植				园艺管理

非洲菊

原产地: 南非
学名: Gerbera
科名: 菊科
别名: 花车、花千本枪
分类: 多年草（宿根草）
株高: 15~60cm
耐寒性/耐热性: 0℃・弱

诞生花　12月30日

花语
希望,勇往直前/
神秘之美/崇高的爱

花色
红/粉/白/黄/
橙/混合色

花形端正被叫作"花车"
鲜艳明朗的气质深受爱戴

流行的花色、鲜艳明朗的气质,是花卉搭配中不可缺少的存在。让人意外的是,南非在距今150年前才发现了这种花,作为园艺植物栽培的历史并不长。得益于荷兰和法国兴起的品种改良活动,目前非洲菊也相继诞生了新品种。不论是切花用的花径4~6cm的小轮系品种,还是花径15cm以上存在感强烈的巨轮品种,都享有人气。有花瓣细长、使人联想到蜘蛛丝的蜘蛛花形,还有多重花瓣争奇斗艳的重瓣花形,等等,非洲菊的花形种类越来越丰富。多棵花茎站立的多头品种也好,只有15cm高的小型品种也好,都很适合盆栽。

非洲菊于明治时代末期传入日本,因端正美观的花形而有了"花车""花千本枪"等称号,人气极高。根据不同花色,有"崇高的爱""希望"等不同花语,给人明朗乐观的印象,适合赠与他人。

桑迪(Sandi)

画廊(Gallery)

新娘(Bride)

特雷西(Tracy)

凯米特(Kermit)

艾米(Emi)

沃尔德莫(Voldmort)

贝尔菲(Belfie)

波普(Bebob)

1月	2月	3月	4月	5月	6月	7月	8月	9月	10月	11月	12月	
		四季开花						四季开花				园艺开花期
												切花流通期
		种植										园艺管理

马蹄莲

花姿让人联想到
修女的衣襟

如漏斗状卷起的部分叫作"佛焰苞"，里边棒状的部分是花（上部分是雄花，下部分是雌花）。由于苞的形状很像修女的衣领（collar），因此它的英文名叫Collar Lily。在日本就被叫作Collar了。

原产地为南非的开普半岛，18世纪中叶传入欧洲，江户时代末期从荷兰传入日本，被日本称为"海芋"，顾名思义，是横渡大海而来的芋头。白色花苞的艾奇沃皮阿卡（Ethiopia）是大型的喜好水分的湿地品种，莱玛尼（Rehmannil）等被叫作桃红色海芋的则是小型的不喜水分的旱地品种。近年来，这些品种的交配工程不断推进，拥有了像郁金香那样繁多的花色。不论是切花、盆栽种植还是庭院种植都很合适。

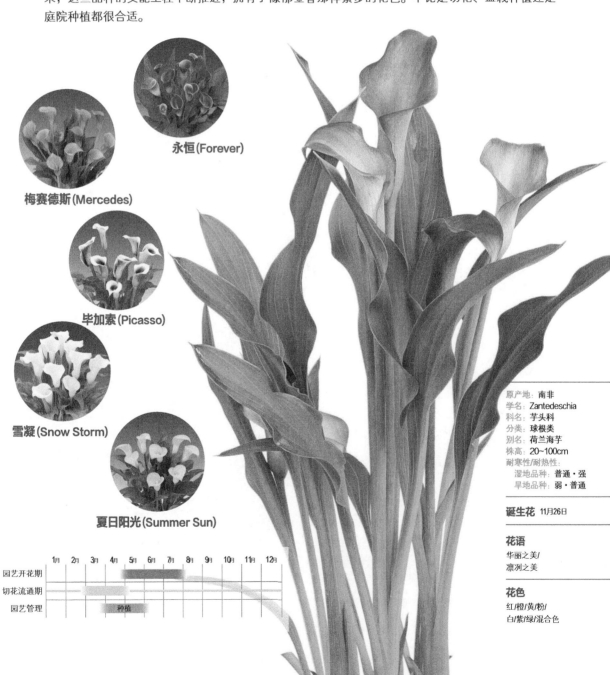

永恒(Forever)

梅赛德斯(Mercedes)

毕加索(Picasso)

雪凝(Snow Storm)

夏日阳光(Summer Sun)

原产地: 南非
学名: Zantedeschia
科名: 芋头科
分类: 球根类
别名: 荷兰海芋
株高: 20~100cm
耐寒性/耐热性:
　湿地品种: 普通・强
　旱地品种: 弱・普通

诞生花 11月26日

花语
华丽之美/
凛冽之美

花色
红/橙/黄/粉/
白/紫/绿/混合色

	1月	2月	3月	4月	5月	6月	7月	8月	9月	10月	11月	12月
园艺开花期												
切花流通期												
园艺管理				种植								

风铃草

风铃花(La Bell)　　风铃花(La Bonne Amie)

红风铃花　　　　　白风铃花(Alba)
（萤袋）

中型
（风铃草）

二年生草本
用作切花、栽培

原产地: 北半球
学名: Campanula
别名: 桃桔梗、萤袋
分类: 二年生草本、
多年生草本（宿根
草）
株高: 10~100cm
耐寒性/耐热性:
强·稍弱

诞生花　5月16日

花语
幸福地感谢/
贯彻信念

花色
蓝紫/白/粉

在希腊神话中出现
清新的铃儿状的花

"Campanula" 在拉丁语中是"钟"的意思。希腊神话中，有一段关于奥林巴斯果树园看守人——Campanule精灵的传说。精灵发现了闯入果树园的士兵，于是摇动银铃发出求助的信号，然而不幸被士兵杀害。花之女神芙洛拉出于怜悯之情，将精灵变成了形状像钟的花。钟状花形的风铃草在北半球有约300种同类品种。在日本，也自然生长着萤袋等品种。

从能生长到100cm高的二年生草本中型风铃草，到多年生草本风铃花（桃桔梗），再到株高仅有15cm，开满小花的少女桔梗和脆弱风铃草，风铃草的品种姿态丰富多样。不论是切花、盆栽还是庭院种植，根据不同用途，皆可欣赏到清新的花。

1月	2月	3月	4月	5月	6月	7月	8月	9月	10月	11月	12月	
												园艺开花期
												切花流通期
								种植				园艺管理

23

金鱼草

蜜蜂钻入花朵
仿佛龙张开大口的姿态

　　这种不可思议的花形，在日本叫作"金鱼草"，学名是希腊语Antirrhinum（像鼻子一样），英文名是Snap Dragon（张开嘴的龙）。长成这样的形状，是因为金鱼草只让钻入花朵中的花蜂采蜜，并且比蝴蝶更能够将花粉传播至远方。这是非常聪明的战略。

　　金鱼草在欧洲南部和非洲北部的地中海沿岸均有分布。在英国，它比郁金香的栽培历史更久远，早在1578年就记载了深红色多重瓣的金鱼草品种。明治时代传入日本，并且成为了以金鱼养殖闻名的爱知县弥富市的市花。原本是多年生草本，但耐热性较差，因此在日本作为秋季一年生草本来栽培。四季开花，以春天为主，几乎一整年，甚至冬季在较温暖的地区也能开花，十分珍贵。金鱼草品种繁多，适合切花的是株高1m以上的高性种，适合盆栽的是横向生长的匍匐品种。

原产地：地中海沿岸
学名：Antirrhinum
科名：
别名：龙口花
分类：多年生草本（秋季一年草栽培）
株高：20~100cm
耐寒性/耐热性：
0℃·普通

诞生花 3月18日

花语
预知、清纯的心/
多管闲事/多嘴

花色
白/红/粉/
橙/黄/混合色

	1月	2月	3月	4月	5月	6月	7月	8月	9月	10月	11月	12月
园艺开花期												
盆花流通期												
园艺管理			种植					种植				

吉利草

原产地：北美西部
学名：Gilia
科名：花葱科
别名：玉咲花忍
分类：秋季一年生草本
株高：30~80cm
耐寒性/耐热性：
0℃·普通

花语
一时冲动的恋情/请来这里

花色
白/蓝/紫

色泽通透的蓝
在蓝色花卉爱好者中也有人气

从春季到初夏盛开的一年生草本。以北美西部为中心，存在着约30种原生种。具有透明感的蓝色花朵人气高，日式名称叫作"玉咲花葱"。正如其名，形如花葱的小花呈球状，密集地盛开。其他几种与之相像的小型花卉，比如结球甘蓝和单瓣的三色吉利草，也被栽培着。18世纪末期，根据西班牙植物学家吉鲁的名字，将该花卉起名为吉利草。

三色吉利草
(Tricolor)

レプタンサ

	1月	2月	3月	4月	5月	6月	7月	8月	9月	10月	11月	12月
园艺开花期												
园艺管理										播种		

君子兰

原产地：南非纳塔尔地区
学名：Clivia
科名：石蒜科
别名：受咲君子兰
分类：多年生草本
株高：30~50cm
耐寒性/耐热性：
弱·普通

诞生花 3月12日

花语
高贵/召唤幸福

花色
橙/黄/绿

在中国、日本是兰花
在欧洲也叫作百合

虽然花名中有个"兰"字，但君子兰并不属于兰科，而是石蒜科。而且，目前被叫作君子兰的实际上是大花君子兰（miniata）这一品种。很早以前，人们原本把垂笑君子兰（Nobilis）称为君子兰，由于大花君子兰的花是向上开放的，因此被区分开来。随着大花君子兰越来越普及，人们转而称它为君子兰了。花后结着红色的果实，一年四季都可欣赏到美丽的叶片。植株的寿命很长，盆栽种植能够长久地存活下来。

	1月	2月	3月	4月	5月	6月	7月	8月	9月	10月	11月	12月	
													园艺开花期
													盆花流通期
			种植										园艺管理

25

1月	2月	3月	4月	5月	6月	7月	8月	9月	10月	11月	12月	
												园艺开花期
												盆花流通期
	种植							种植				园艺管理

铁线莲

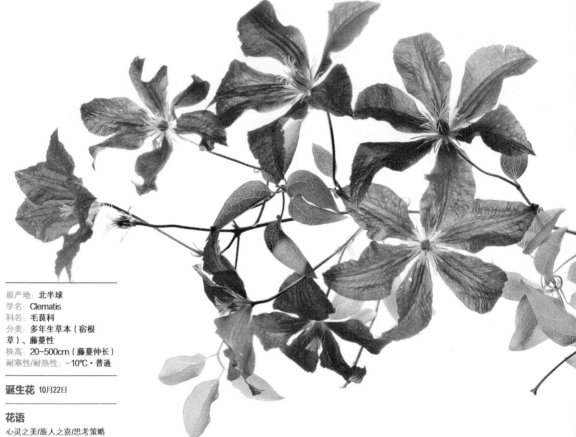

原产地：北半球
学名：Clematis
科名：毛茛科
分类：多年生草本（宿根
草）、藤蔓性
株高：20~500cm（藤蔓伸长）
耐寒性/耐热性：−10℃·普通

诞生花 10月22日

花语
心灵之美/旅人之喜/思考策略

花色
白/红/紫/黄/粉/
蓝/绿/黑/混合色

丰富多彩的品种
是"藤蔓植物中的女王"

　　在全世界几乎有约300个品种。19世纪中期，英国的植物标本采集者福琼和德国人西博尔德将中国的"铁线莲"与日本的"风车莲"带回国，培育出大量的中轮、大轮盛开的园艺品种。上述这两个品种是江户时代初期由狩野山乐派画在妙心寺天球院的隔扇画上的代表性花卉，江户时代中期也被伊藤若冲等名画家描绘过。在日本的江户时代，从"铁线莲"和"风车莲"中诞生出许多美丽的品种，然而明治时期以后很多品种都消失了，到了大正时代，反而开始逆输入不少在欧洲培育起来的园艺品种。

　　铁线莲有多花性的蒙大拿系、可爱的郁金香形状的德克萨斯系、坛状的皮尔露娜系、冬季盛开的西鲁霍莎系以及四季常绿早春盛开的阿曼迪系，等等。除了花形多样之外，开花期跨越幅度也十分广泛，因此，若是将其种类和品种全部聚集起来，那么很有可能一整年都看得到铁线莲开花绽放。除了藤蔓品种外，也存在着树林品种全叶马兰。

日枝（冬季开花）

多重色 (Versicolor)

鲁宾斯 (Rubens)

戴安娜公主
(Prin cess Diana)

精灵 (Pixie)

阿芙罗狄蒂
(Aphrodite Elegafumina)

比尔麦肯齐
(Bill Mckenzie)

佛罗里达双色
(Florida bi-color)

瑞贝卡 (Rebecca)

斑晶鹤

阿罗曼迪卡 (Aromatica)

维塞尔顿 (Macropetala
Wesselton)

波帕粉娃娃
(Pompadour-Pink)

紫色罗曼史 (Romantica)

绿玉 (Full Dean)

粉色马克汉姆斯
(Marcropetala
Markham's Pink)

27

番红花

又名藏红花
自公元前起就被作为药材和香料

别名"藏红花"。长5-15厘米的小型球根花卉，可在院子的小角落简易种植，也适合水养。由于它在早春或是尚有残雪的时节破土开花，因此也被人称作预报春天来临的花，但也有在秋季和冬季开花的品种。秋季开花的藏红花（sativus）则是最古早开始被栽培的品种。

原产地：地中海沿岸、亚洲西部
学名：Crocus
科名：鸢尾科
别名：藏红花
分类：球根类
株高：5~15cm
耐寒性/耐热性：
−10℃・普通

诞生花 1月5日

花语
再一次的爱/
内心热切地期望

花色
黄/白/紫/混合色

藏红花 (Saffron)
红色的雌蕊可制成香料。
30g的藏红花粉需要从4000
余朵藏红花上提取

1月	2月	3月	4月	5月	6月	7月	8月	9月	10月	11月	12月	
												园艺开花期
									种植			园艺管理

大滨菊

起源于日本和欧洲
由美国的圣山命名

1901年，美国著名育种家路德·伯班克将法国菊与它的同类马克西姆杂交，培育出了大滨菊。此外，日本滨菊也加快了品种进化。由于纯白色花瓣是其特征，花名就取自加利福尼亚常年积雪的沙斯塔山。根据品种不同也有黄色花瓣，但仍然以白色为主。大滨菊与雏菊很相像，不过可以根据它那纤长、椭圆形的叶子来区分。有耐寒性，常绿植物，可为冬季的花坛增添绿意。

原产地：欧洲中北部、日本
学名：Leucanthemum X superbum
科名：菊科
分类：多年生草本（宿根草）
株高：20~80cm
耐寒性/耐热性：
−10℃・弱

诞生花 5月26日

花语
隐忍一切/
忍耐力强

花色
白/黄

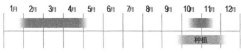

1月	2月	3月	4月	5月	6月	7月	8月	9月	10月	11月	12月	
												园艺开花期
							种植					园艺管理

老鹳草

于日本的山野之处盛开
极其微小之美

　　老鹳草的日式名字为风露草。开在北海道的"虾夷风露"、开在本州中部的"白山风露"以及"晨间风露"等，都是可爱的高山植物。在日本，老鹳草包括归化品种在内有约13种同类，在世界上则有约400种。日本产品种中较有名的当属童氏老鹳草（Geranium thunbergii）了吧。其富含单宁，自古以来就作为药材使用。可水养，作为山茶类观赏。

　　另一方面，20世纪90年代英国掀起园艺热潮，引进了不少在欧洲颇有人气的品种，如蓝色花瓣的、美丽的约翰逊蓝花老鹳草、从春季到晚秋绽放的多重色老鹳草、初夏盛开的草原老鹳草等。大批量种植，十分美观，但是耐热性稍弱一些。种子成熟后，花蕊里的果皮开裂，弯曲成弓形，被包裹的种子从花柱里飞出，这也是它很有意思的特征。

原产地：日本、亚洲其他地区、欧洲
学名：Geranium
科名：风露草科
别名：风露草
分类：多年生草本（宿根草）
株高：10~70cm
耐寒性/耐热性：
强·弱

花语
不变的信赖/
开朗/慰藉

花色
红/粉/紫/蓝/白

多重色老鹳草
(Versi-color)
原产地：欧洲
株高：约50cm
初夏~秋季开花

暗花老鹳草
(Phaeum)
原产地：比利牛斯
株高：50~70cm
初夏开花

白花草原老鹳草
(Pratense Albiflorum)

蓝花草原老鹳草
(Pratense Blue)

原产地：欧洲、西伯利亚　株高：60~70cm　初夏开花

	1月	2月	3月	4月	5月	6月	7月	8月	9月	10月	11月	12月
园艺开花期												
盆花流通期												
园艺管理		种植								种植		

29

紫兰

野生品种是濒临灭绝的稀有品种
院子里可以茂盛地繁殖

　　既耐寒又耐热，是非常容易种植的兰花。花如其名，最常见的是种植在院子里的紫色品种，近来白色和蓝色花瓣的品种也备受人们关注。同时，还有叶片边缘呈白色的福轮紫兰。紫兰的地下茎是一种被称作白芨的中草药。

原产地:	日本、中国	
学名:	Bletilla	
别名:	白芨	
分类:	多年生草本（宿根草）	
株高:	30~70cm	
耐寒性/耐热性:	-10℃·普通	

诞生花 5月31日

花语
不会忘却面貌/
勿忘彼此

花色
紫/白/蓝

	1月	2月	3月	4月	5月	6月	7月	8月	9月	10月	11月	12月
园艺开花期				■	■							
盆花流通期												
园艺管理		种植					种植					

原产地:	欧洲南部	
学名:	Viora adonata	
科名:	堇科	
别名:	香味堇、小脸颊	
分类:	多年生草本（宿根草）	
株高:	10~15cm	
耐寒性/耐热性:	-15℃·普通	

诞生花 3月31日

花语
秘密之事/
克制之美

花色
白/紫/粉

甜蜜紫罗兰

在古希腊备受宠爱
甜甜的芳香别有魅力

　　在公元前的希腊已有栽培，象征着雅典，被称作美之女神阿佛洛狄特的花。正如"香味堇"这个别名，花香浓郁，叶片也散发着香气。很久以前在欧洲被作为香水的原料。甜甜的香气深受维多利亚时期的英国人的喜爱，听说绅士淑女们将这种花束别在身上。在现代，作为艾迪鲜花，常见于装饰蛋糕与沙拉。

	1月	2月	3月	4月	5月	6月	7月	8月	9月	10月	11月	12月	
		■	■										园艺开花期
									种植				园艺管理

原产地: 欧洲
学名: Silene
科名: 石竹科
别名: 白花蝇子草、红色剪秋罗
分类: 多年生草本 (宿根草)
株高: 10~60cm
耐寒性/耐热性: −10℃·普通

诞生花 4月16日

花语
小心掉入恋爱的洞穴里

花色
粉/白

荨麻

加莉香(Gallica)
株高: 约30cm
5~7月开花

荨麻(Dioica)
萤火虫(Firefly)

海石竹(Armeria)
株高: 50~60cm
5~6月开花

阿尔巴麦瓶草
(Uniflora Alba)
株高: 15~20cm
4~6月开花

麦瓶草

柔软蓬松鼓起的萼片
以及发黏的花茎十分有趣

麦瓶草有刻痕的心形花瓣惹人喜爱,存在着约300个同类品种,比如高10cm左右横向生长的一年生草本垂柳麦瓶草、株高60cm的海石竹等,都是常见品种。此外,也培育了荨麻、加莉香、蝇子草等品种。海石竹在江户时代末期被引进日本,小花密集开放,从根与茎的上部会分泌黏液,因此也被叫作"捕虫抚子"。垂柳麦瓶草是明治中期引进的,花后的萼片呈袋状鼓起,因此有了"袋抚子"的日式花名。花茎大多为分枝,植株被花覆盖,即使花朵凋谢了,萼片鼓起的样子依然可爱,因此赢得了不少人气。荨麻的花朵与垂柳麦瓶草相似,株高为30~60cm,散发清新自然的气息,受人喜爱。据说Silene这个花名是将其黏着性的分泌液比作希腊语中的唾液,酒神巴克斯的养父Silene喝醉了酒,在吹泡泡的时候起的名字。

	1月	2月	3月	4月	5月	6月	7月	8月	9月	10月	11月	12月
园艺开花期												
切花流通期												
园艺管理				种植						种植		

芍药

每个国家喜好不同　拥有8种花形

　　都说"立如芍药"，这是一种用来比喻美人的花，自公元前以来一直被作为药草来栽培。在原产地中国，人们从宋朝开始培育芍药，据说那时候重瓣型备受珍视。日本奈良时代引进芍药，在850年左右的《诸国俚人志》里记载了"为了小野小町，在出羽国小町村种植了99株芍药"。江户时代，兴起了品种改良的热潮。在日本，似乎单瓣型和瓮型等清爽的花形更有人气，至今尚留存着安藤宏重等画家描绘的芍药作品。18世纪，芍药传入欧洲，花瓣厚实的重瓣型品种诞生，并被马奈、莫奈等印象派画家所描绘。

　　因此，芍药被分为单瓣型、半重瓣型、花药为黄色的金蕊型、纤细的花瓣向中心聚集的瓮型、中心的内瓣大大突出的皇冠型、内瓣呈球状突出的绣球型、蔷薇型、半蔷薇型这8大类花形，这可以作为观赏的线索依据。同类品种中的山芍药以及红花山芍药则是日本原产，被作为山野草来栽培。

	1月	2月	3月	4月	5月	6月	7月	8月	9月	10月	11月	12月
园艺开花期												
切花流通期												
园艺管理										种植		

红花山芍药

山芍药
会津红花

山芍药

原产地：中国、俄罗斯、西伯利亚
学名：Paeonia lactiflora
科名：芍药科
别名：惠比寿久佐、惠比寿久须利
分类：多年生草本（宿根草）
株高：50~90cm
耐寒性/耐热性：
强・普通

诞生花　5月2日

花语
腼腆/害羞/
怯生

花色
白/红/粉/黄/紫

红花薇薇安 (Vivienne Red)

格蕾丝 (Graee)

粉红蔷薇 (Rose Pink)

	1月	2月	3月	4月	5月	6月	7月	8月	9月	10月	11月	12月	
													园艺开花期
													切花流通期
										种植			园艺管理

原产地：意大利·西西里岛

学名：Lathyrus

科名：豆科

别名：麝香连理草、麝香豌豆

分类：秋季一年生草本、藤蔓性

株高：150~300cm（藤蔓伸长）

耐寒性/耐热性：0℃·普通

诞生花 3月30日

花语

刹那间的喜悦/请记得我

花色

白/红/粉/紫/橙/混合色

香豌豆

200年前被发现　受到王妃的喜爱而享有人气

香豌豆是原产于意大利西西里岛的一年生草本，1695年被修道僧库班尼发现并记载。之后其种子传入英国、荷兰，并因此被广泛普及。然而，直到19世纪前叶，仅仅诞生了5~6个园艺品种。到了20世纪，伦敦水晶宫殿举办了"香豌豆200年大展会"，并且设立了"国家香豌豆协会"。爱德华王朝时期的亚历珊德拉王妃十分喜爱这种花，经常在晚宴以及婚宴等场合使用，因此香豌豆开始人气大涨。

孕育了多个品种的"odoratus"，这个名字是"有香味"的意思，是一种像蝴蝶一样可爱而甜香的花朵。在日本也自然生长着滨豌豆等4个同类品种。香豌豆属于豆科，种子像豌豆一样，然而具有毒性，不可食用。

原产地	欧洲
学名	*Convallaria*
科名	百合科
别名	君影草、德国铃兰、芭蕾舞百合
分类	多年生草本（宿根草）
株高	25~30cm
耐寒性/耐热性	-10℃・普通

诞生花 5月1日

花语
纯洁/幸福再次降临

花色
白/粉

铃兰

5月1日是"铃兰之日"
将铃兰赠予所爱之人

虽然也有在日本土生土长的铃兰品种，然而香气浓郁、花朵更大的德国铃兰更为常见，也能看到具有斑纹的叶片和粉色的花朵。铃兰从古时起就被欧洲人所崇敬，也在北欧神话以及英国、法国的传说中被提及。据说16世纪中叶之后，作为药用栽培的铃兰被称作"黄金之水"，受人珍重。然而它是有毒性的。虽然有毒，但是药效很弱，在现代已经不被人使用了。此外，在法国，铃兰是一种能够带给被赠予之人幸运的花朵。

	1月	2月	3月	4月	5月	6月	7月	8月	9月	10月	11月	12月
园艺开花期												
切花流通期												
园艺管理				种植								

原产地	欧洲南部
学名	*Matthiola*
科名	十字花科
别名	洋紫罗兰
分类	秋季一年生草本
株高	15~80cm
耐寒性/耐热性	-10℃・普通

诞生花 12月31日

花语
不变的爱/
永远持续的爱之羁绊

花色
白/红/粉/
橙/黄/紫/混合色

四桃克

那个支撑着光鲜亮丽的花朵
甘愿默默无闻的英雄

四桃克在古希腊和罗马被作为药草栽培，到了16世纪，英国开始将其视作观赏花卉，江户时代中期传入日本。在它的叶片和茎上有微小的绒毛，摸上去的手感很像"罗背板"（Raxeta）（葡萄牙语中"Raxe"指的是毛呢布料），因此也被称为"叶罗背板"。据说后来逐渐转化成了"紫罗兰花"这一日式名字。意外的是，英文名"Stalk"居然是茎的意思，坚实的花茎牢牢支撑着华丽美艳的花束。四桃克被广泛运用于装饰会场的大型混合花束搭配，同时也被用于装点花坛。

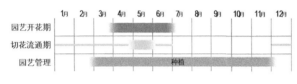

	1月	2月	3月	4月	5月	6月	7月	8月	9月	10月	11月	12月	
													园艺开花期
													切花流通期
											种植		园艺管理

雪花莲

就连亚当和夏娃
也在雪中见到过的希望之花

欧洲有这么一个传说，从伊甸园中逃脱的亚当和夏娃在暴风雪中冻得瑟瑟发抖。此时，天使出现了，安慰他们说："请不要绝望，春天马上就会来临了。"天使轻轻触碰了一下雪，雪中便开出了纯白的雪花莲。由于能够在早春的雪中看到雪花莲，无论哪个国家命名此花都带有"雪"字。英文名意味着"雪之耳坠"，日文名叫作"待雪草""雪之花"，在德国被称作"雪中的小吊钟草"等。

原产地：欧洲南部、亚洲西南部
学名：Galanthus
科名：石蒜科
别名：雪之花、待雪草、雪待草
分类：球根类
株高：10~15cm
耐寒性/耐热性
−10℃·弱

诞生花 1月22日

花语
恋爱最初的目光/
逆境中的希望

花色
白

	1月	2月	3月	4月	5月	6月	7月	8月	9月	10月	11月	12月
园艺开花期												
盆花流通期												
园艺管理										种植		

原产地：欧洲中部
学名：Leucojum
科名：石蒜科
别名：铃兰水仙、大待雪草
分类：球根类
株高：30~40cm
耐寒性/耐热性：
−10℃·普通

诞生花 2月23日

花语
毫无污秽的无瑕之心/
吸引万物的魅力

花色
白

雪片莲

引人注目的魅力点　在花瓣的前端上

Leucojum 在希腊语中是"白色紫罗兰"的意思，跟紫罗兰一样有宜人的香气。雪片莲的花像铃兰，叶片像水仙，因此有了"铃兰水仙"这个日式名。春季的4~5月份开花。日本常见的雪片莲品种，白色花瓣前端有绿色的斑点，清晰可见又有十分可爱的形态。花株坚实，将球根种植于庭院中能够存活多年。

	1月	2月	3月	4月	5月	6月	7月	8月	9月	10月	11月	12月	
													园艺开花期
								种植					园艺管理

郁金香

为悲恋而绽放的鲜红花朵
经历了狂躁喧嚣的时代

　　在波斯语中，*Tulipa*是头巾的意思。在那地方有个传说，一个因恋人之死而悲痛欲绝的男子从悬崖上跳下，坠崖时鲜血洒落之处开出了鲜红的花。美丽又独特的花朵，在15~16世纪的土耳其苏莱曼大帝时期诞生了多种多样的园艺品种。澳大利亚外交大使比斯贝克将郁金香赠送给了植物学家克尔西乌斯，克尔西乌斯将其栽培在他当时任职的荷兰莱顿大学。郁金香在欧洲的上流阶级中大受欢迎，一颗球根相当于一户房子的价值，从1634年开始爆发了郁金香狂热。这股热潮持续了3年左右，然后逐渐退去，到了18世纪再度兴起，契机是大仲马的小说《黑色郁金香》。如今，郁金香生产是荷兰的一大产业，有花形像鹦鹉的鹦鹉型、花形尖细突出的百合型，还有花瓣上有纤细切口的流苏型等多彩的品种在市面上流通。

原产地: 亚洲中部、非洲北部、地中海沿岸
学名: **Tulipa**
科名: **百合科**
别名: **郁金香**
分类: **球根类**
株高: **10~70cm**
耐寒性/耐热性:
−10℃·普通

诞生花 2月15日

花语
关怀/爱的表现/博爱

花色
白/红/粉/橙/黄/绿/紫/黑/混合色

	1月	2月	3月	4月	5月	6月	7月	8月	9月	10月	11月	12月
园艺开花期												
切花流通期												
园艺管理										种植		

烈焰之火 (Spitfire)

原种系 彩色郁金香 (Polychroma)

春之淡雪

黄色太阳 (Yellow Sun)

原种系 星花郁金香 (Tarda)

原种系 单凸轮郁金香 (Praestans Unicum)

钻石之星 (Diamond Star)

少女樱

弗洛罗萨 (Florosa)

紫云

春之绿 (Spring Green)

雪之芭蕾 (Snow Ballet)

石楠花

杜鹃花、五月花、石楠花

深受19世纪英国贵族们喜爱
在《万叶集》中被歌颂的花木之女王

　　仔细观察杜鹃花、五月花、石楠花的话，就会发现它们都有同样像喇叭似的花形。事实上确实如此，鲜艳妩媚的花儿们，有着相同的学名，Rhodon 在希腊语中是蔷薇（色）的意思，Dendron 则是树木的意思，二者结合就是 Rhododendron。在分类学上，杜鹃花、五月花、石楠花都是同类品种。

　　石楠花的枝头茂密地开着许多小花，十分漂亮。它于1656年在欧洲阿尔卑斯山脉被发现，并传入了英国。19世纪，贵族和富豪们争相从世界各地收集花卉来交配、栽培。明治时期传入日本，随后经过品种改良，多次在市面上流通。日本《万叶集》中被歌颂的杜鹃花自古以来受人喜爱，那些在山野自然生长的原种中，也有很多成为了园艺品种。可以说，日本是杜鹃花世界的中心。杜鹃花的花期是4月，而五月花正如其名，在5月开花。江户时代，以原种印第安纳凸轮为母株改良而成。

原产地：欧洲、亚洲、北美
学名：Rhododendron
科名：杜鹃科
别名：映山红、红踯躅
分类：常绿灌木、落叶灌木
树高：50~300cm
耐寒性/耐热性：
强·因品种不同而异

花语
有威严的人/
庄严的氛围/危险

花色
白/红/粉/橙/
黄/紫/褐

罗茜(Rocie)
（五月花）

杜鹃花

久留米杜鹃

欢乐节(Joyful Day)
（石楠花）

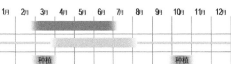

1月	2月	3月	4月	5月	6月	7月	8月	9月	10月	11月	12月	
												园艺开花期（石楠花）
												盆花流通期（杜鹃花）
	种植						种植					园艺管理（石楠花）

长春蔓

即使冬季来临也不会枯萎
象征着永恒不变的爱与友情

　　花茎匍匐生长，覆盖地表，生长如藤蔓，开着形似长春花的花朵，因此被叫作长春蔓。然而，它与长春花又是不同属目。浓绿的叶片上有白色和黄色的斑纹，十分美丽，即使在冬季也不会枯萎，因此，它象征着不变的爱与友情。据说在欧洲，长春蔓适合作为赠与他人的花卉。在背阴处也有较强的生命力，是重要的地面覆盖植物。

原产地：非洲北部、欧洲南部
学名：Vinca major
科名：夹竹桃科
别名：蔓日草、蔓桔梗、蔓长春花
分类：多年生草本（宿根草 蔓性）
株高：10~50cm
耐寒性/耐热性：
普通·强

花语
青梅竹马/
温柔的回忆/
终生的友情

花色
紫/白/蓝

	1月	2月	3月	4月	5月	6月	7月	8月	9月	10月	11月	12月
园艺开花期												
盆花流通期												
园艺管理			种植				种植					

原产地：欧洲中部
学名：Bellis perennis
科名：菊科
别名：雏菊、黛西、贝丽斯、延命菊
分类：多年生草本（秋季一年草）
株高：10~20cm
耐寒性/耐热性：
-10℃·弱

诞生花 1月9日

花语
无意识/和平/感同身受

花色
白/粉/红/混合色

雏菊

日落时花瓣会悄然闭上
被称为"太阳之眼"

　　和名为"雛菊"，十分可爱的花。从地中海沿岸到欧洲广泛生长着，在遥远的古埃及就被作为装饰花卉使用，自古以来就为人们所喜爱。明治时代初期传入日本，英文名为Daisy，日出时开花，日落时花瓣闭起，因此也被比喻为"太阳之眼"（Day's eye）。原种是单瓣型雏菊，在英国被用作恋爱占卜之物。

	1月	2月	3月	4月	5月	6月	7月	8月	9月	10月	11月	12月	
													园艺开花期
													盆花流通期
	种植									种植			园艺管理

39

原产地:	南非
学名:	Dimorphotheca
科名:	菊科
别名:	非洲金盏花、生桑地雏菊
分类	秋季一年生草本
株高	20~40cm
耐寒性/耐热性:	
0℃·普通	

诞生花 5月11日

花语
永远充满活力的你/
健康的人

花色
黄/橙/白/混合色

非洲雏菊

这种花映照的是
非洲的大地与太阳

日照时开花，日落时花瓣闭起，原产地为南非，因此有了非洲雏菊这个名字。花的中心部分和周围的花瓣部分，分别长出了形态各异的种子。一朵花上可以摘取两种不同的种子，因此，希腊语中"Di（两个）"、"Morpho（形）"和"Theca（箱）"三个词汇连在一起，组成了Dimorphotheca（两个形态的匣子）这样的花名。

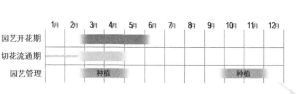

	1月	2月	3月	4月	5月	6月	7月	8月	9月	10月	11月	12月
园艺开花期												
切花流通期												
园艺管理			种植							种植		

原产地:	秘鲁、哥伦比亚、巴西
学名:	Tropaeolum
科名:	旱金莲科
别名:	金莲花、印度凤头、凌霄叶莲
分类	春季一年生草本
株高	20~100cm
耐寒性/耐热性	
5℃·弱	

诞生花 7月29日

花语
爱国心/
战胜困难的力量

花色
红/黄/橙/混合色

旱金莲

花朵、叶片和种子都可食用
对蔬菜种植大有帮助

也可食用。花和叶用作色拉，果实和根可剥下来用作香料，种子可用于西式咸菜。同时，旱金莲也可以是蔬菜种植的伴侣。将旱金莲与蔬菜一同种植，能起到驱除疾病害虫、促进生长的功效，尤其对番茄、卷心菜、红白萝卜特别有效，它散发的香味能够驱赶蚜虫。

1月	2月	3月	4月	5月	6月	7月	8月	9月	10月	11月	12月	
												园艺开花期
												盆花流通期
		种植										园艺管理

天竺葵

起源于南非，抗旱性强
欧洲的窗边装饰花卉

　　从远处看就非常显眼的纯红天竺葵，是欧洲窗边装饰花卉中不可或缺的存在。原产地气候是夏季干燥的地中海气候，因此，它是一种抗旱能力强、无需耗费工夫去呵护的植物。四季开花，生命力强，也是天竺葵的优势之一。只在春季开花的品种叫作Pelargonium，二者有所区别。近年来，淡色调的或是花瓣有镶边纹路的品种，以及斑纹叶片、枫色叶片的天竺葵品种也很有人气。花茎具有半藤蔓性，能够横向生长的常春藤天竺葵，从吊篮上垂挂下来十分美观。

　　虽然是充满魅力的花儿，但也有人不喜欢它独特的气味。名叫香天竺葵的同类品种，含有天竺葵油这一精油成分，是用作化妆品以及食品香料的药草。蔷薇天竺葵、柠檬天竺葵等品种，在庭院中轻抚之，一些疾病会被其清新的香气所治愈。

优质冰山 (Quality Lceberg)

初黄 (First Yellow)

**双色火焰
(Fireworks Bicolor)**

	1月	2月	3月	4月	5月	6月	7月	8月	9月	10月	11月	12月
园艺开花期												
盆花流通期												
园艺管理			种植					种植				

原产地：**南非**
学名：**Pelargonium Zonal Group**
科名：**牻牛儿苗科**
别名：**天竺葵**
分类：**多年生草本（宿根草）**
株高：**30~60cm**
耐寒性/耐热性：**5℃·弱**

诞生花 10月12日

花语
愉快的心情/真正的友谊

花色
白/红/粉/橙/
黄/紫/混

黑种草

像蕾丝一样
梦幻的花姿

　　看上去像花瓣似的萼片，被蕾丝线状的花苞包围，具有独特的美感，因此诞生了"梦中之恋"这样浪漫的花语。花苞被比作美女的乱发，或是维纳斯的凌乱发丝，仿佛能够从线状的叶片看到柔软纤细的表情。

　　黑种草原产地为欧洲南部的地中海沿岸，江户时代末期传入日本。花朵凋零后，短时间膨胀开来似豆荚形状的姿态也很独特。内部是黑色的种子，因此和名叫作黑种草。种子含有生物碱胆烯以及挥发性油，散发芳香，用作除味剂。无论是切花、罐苗，还是圆形荚状的干花，都很有人气。

原产地：欧洲南部、非洲北部
学名：Nigella
科名：毛茛科
别名：爱在雾中（Love-in-a-mist）、灌木中的恶魔（Devil-in-the-bush）
分类：秋季一年生草本
株高：40~80cm
耐寒性/耐热性：0℃·弱

诞生花 4月18日

花语
梦中之恋/些微的喜悦

花色
白/粉/蓝/紫/混合色

1月	2月	3月	4月	5月	6月	7月	8月	9月	10月	11月	12月	
												园艺开花期
												切花流通期
		种植										园艺管理

圣塞西亚 大红
(Sunsatia Plus Red)

天使艺术 桃红
(Angel Art Peach)

宿根龙面花

	原产地：南非
	学名：Nemesia
	科名：玄参科
	别名：海兰天牛
	分类：秋季一年草、多年生草本（宿根草）
	株高：10~30cm
	耐寒性/耐热性：5℃·弱

诞生花 4月12日

花语
不伪装的心/
过去的回忆

花色
蓝/白/粉/红/黄

	1月	2月	3月	4月	5月	6月	7月	8月	9月	10月	11月	12月
园艺开花期												
盆花流通期												
园艺管理			种植									

龙面花

多彩的一年生草本中也有纤细的宿根品种

　　龙面花在以南非为中心的地区约有60个原生品种。罗马皇帝尼禄时代盛行，药理学和药草学之父迪亚斯·科里利用金鱼草中某一品种的古名为其命名。的确，倘若仔细观察，就会发现花形如嘴唇的龙面花有点像金鱼草。1892年，英国的种苗公司萨顿引进了龙面花，并进行积极的品种改良，从而诞生了丰富多彩的花色。高约15cm的花茎分枝生长，上面盛开大量的小花，为一年生草本。多彩的花色使得龙面花长年深受人们青睐。

　　近年来，出现了能够在零下3℃生存的耐寒性品种，以及能够度过炎热夏季的多年生宿根龙面花品种。它们的株高为30cm，坚实挺立，成群种植后成为一道清凉的风景。此外，人们还将一年生与多年生品种交配，培育出大轮系的园艺品种，丰富了龙面花的品种。

龙面花

喜林草

此花映照的是
加利福尼亚的蓝天

近年来，各地都致力于打造一整面开满喜林草的花圃，作为"映照天空之蓝的山丘"，吸引了较高的人气。喜林草是加利福尼亚原产的一年生草本，1822年传入英国，被英国人称作Baby-blue-eyes（婴儿的蓝眼）。1914年传入日本，有了琉璃唐草这一花名。具有纤细刻痕的叶片茂密丛生，苏醒的蓝色小花成群绽放，仿佛将密集生长的植株覆盖。

喜林草大多自然生长在森林周边，因此，它的花名是由希腊语Nemos（森林）和Phila（喜爱）组合而成的。其中具有代表性的品种是Menziesii（浅蓝），它的一个园艺品种Penny black（黑便士）是紫黑色的，边缘为白色。Makurata（斑点品种）则是5片花瓣上分别有藏青色的斑点，非常可爱。不论哪个品种，只要种植下去，散落的种子在第二年又会生根发芽，令人欣喜。

原产地：北美·加利福尼亚
学名：Nemophila
科名：紫草科
别名：琉璃唐草、baby-blue-eyes（婴儿的蓝眼）
分类：秋季一年生草本
株高：10~20cm
耐寒性/耐热性：
0℃·弱

诞生花 4月7日

花语
无论何处都能成功/
原谅你

花色
蓝/黑/白/混合色

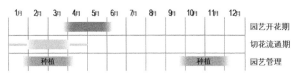

	1月	2月	3月	4月	5月	6月	7月	8月	9月	10月	11月	12月	
													园艺开花期
													切花流通期
		种植							种植				园艺管理

原产地：北半球
学名：Lonicera
别名：香忍冬、忍冬
分类：常绿~落叶 蔓
性木本植物
树高：400~600cm
（蔓生）
耐寒性/耐热性：
强·弱

诞生花 6月17日

花语
奉献的爱/爱情之绊

花色
白/红/黄/橙/混合色

	1月	2月	3月	4月	5月	6月	7月	8月	9月	10月	11月	12月
园艺开花期												
园艺管理				种植								

金银花

装饰欧美的栅栏
也用作中草药

　　独特的花形像是被横切一刀的喇叭，有甘甜的香气和花蜜，因此被称为金银花（Honeysuckle）。北半球分布着约180个金银花品种，大多是蔓性木本。藤蔓很快生长到4~6m，容易打卷，因此可以缠绕在栅栏或是拱门上，装点庭院。这样的形态，使其拥有了"爱情之绊"的花语。

　　在日本，生长着约20种金银花品种，1806年传入欧洲，作为归化植物繁殖生长。金银花即使在冬季也不会落叶，在汉方药中也被称作"忍冬"。干燥处理后的花与茎叶可以用作药材，人们也喜欢将金银花药草用作泡茶或是百花香。它的学名Lonicera取自16世纪德国植物学家Adam Lonicel的名字。虽然金银花的别称太多，令人困扰，但可以说它是深受全世界喜爱的开花树木。

蔷薇

原种系

从欧洲到亚洲、再到日本，生长分布着约150个品种的原种蔷薇。目前，也有很多自然杂交的品种，它们都是原种系。图片上是野蔷薇（日本）。

原产地：	欧洲、亚洲
学名：	Rosa
科名：	蔷薇科
别名：	赏美
分类：	落叶灌木、半常绿灌木
树高：	根据品种而异
耐寒性/耐热性：	强~稍弱·强~稍弱

诞生花
（黄）1月12日
（粉）4月15日
（红）5月21日
（白）11月22日
（米色）12月3日

花语
黄：深深的嫉妒/喜欢你的一切
粉：向爱发誓
红：无瑕的爱/爱/美
白：少女时代/美是唯一的魅力
米色：成熟的爱

花色
白/红/粉/橙/黄/紫/茶/黑/绿/混合色

英国蔷薇（English Rose）
这是英国育种家David Austin培育而成的品种群，具有古典蔷薇的优美花姿和香气，也有四季开花性。在分类上属于现代蔷薇。

蔷薇一直绽放在历史的长河中

早在公元前1500年，克里特岛的壁画上就描绘着蔷薇。与番红花、常春藤、麦当娜百合一样，蔷薇是自古以来就被观赏和栽培的花卉。11世纪，蔷薇原种文化被十字军带回欧洲，成为了装饰欧洲教堂的蔷薇之窗。文艺复兴初期的代表性画家波提切利在作品《维纳斯的诞生》中描画了蔷薇。在7~8世纪日本的《万叶集》中吟咏了玛拉、索贝等蔷薇的名字。

在日本，原先就生长着野蔷薇、光叶蔷薇、赫曼努斯等原种，它们对于现代蔷薇的诞生发挥了巨大作用。江户时代，中国原产的三月蔷薇和木香使德国博物学家肯普弗尔惊叹不已。之后，到了19世纪后半叶，里约育种家盖特培育出混种茶蔷薇（四季开花的大轮系）——法国蔷薇，开启了现代蔷薇培育的序幕。现在也几乎见不到能够四季盛开的花木，除了这馥郁芳香、多达两万品种的"花之女王"。

现代蔷薇 (Morden Rose)
1867年，盖特培育出法国蔷薇。之后的品种，有香气浓郁的、四季开花的，各种各样的品种相继诞生。

多头蔷薇 (Floribunda)
多头蔷薇是指"成捆成束的花"，是现代玫瑰的一种。中轮的花簇绒丛生，是四季开花的品种群。

小型蔷薇
(Miniature Rose)
　从中国系古典蔷薇中的小型品种"微型中华蔷薇"诞生的品种群，包含了花色、花形各异的多样品种。

混合茶蔷薇
(Hybrid Rose)
　大轮四季开花，嵩然挺立的木立性，强健结实又馥郁芳香，"剑瓣高芯"的花姿，不愧是20世纪的代表性蔷薇。

灌木蔷薇
(Shrub Rose)
　拥有嵩然挺立的"木立性"和枝条蔓延生长的"藤蔓性"，二者折衷后是半藤蔓性的"灌木"。其中有不少花色、花形丰富多样，花香浓郁的品种。

藤蔓蔷薇
　花枝具有较强的延伸性，因此叫作藤蔓蔷薇。它是与原种系到现代蔷薇的分类有所不同的树形品种。主要为一季开花，多个花头一齐开放。

古典蔷薇
(Old Rose)
　早在1000多年以前，欧洲就兴起了蔷薇的栽培，颜色、香气、花形各异的品种通过自然杂交相继诞生，但不论哪一个都是一季开花品种。

原产地:	南非
学名:	Sutera
科名:	玄参科
别名:	斯特拉
分类:	多年生草本
	（宿根草）
株高:	10~30cm
耐寒性/耐热性:	
稍弱・稍弱	

花语

小小的坚强/可爱的/
治愈心灵

花色

白/粉/蓝/混合色

百可花

无数个小小的光芒
仿佛洒落的星星

花茎向地面匍匐生长，细腻的小花在植株上满满盛开。除了盛夏之外，几乎一整年都能看到百可花次第开放，无论是寄种还是吊挂种植都有人气。让其保持下垂的状态反而生长得更快。百可花原产于南非，在园艺植物中算是培育历史较浅的了。近年来，随着品种开发的不断推进，诞生了多样的花色，甚至是重瓣品种。学名Sutera则来源于意大利语中的"恒星"。

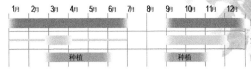

	1月	2月	3月	4月	5月	6月	7月	8月	9月	10月	11月	12月	
													园艺开花期
													盆花流通期
			种植						种植				园艺管理

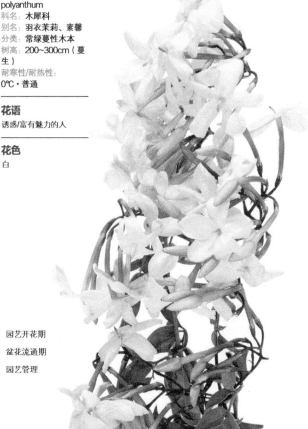

多花素馨

芳香浓郁的花环
用于印度的婚礼上

在春天成群开放的小花和纤细的叶片，仿佛披在仙女身上的羽衣，因此获得"羽衣茉莉"的名字。它是一种原产于中国云南省的蔓性植物，从澳洲传入日本。1975年，以盆栽形式出现在市面上。有较强的耐寒性，在关东西南地区已实现庭院种植，匍匐缠绕在栅栏和墙面上，很有观赏乐趣。花蕾为红色，到了开花期，枝头上会一次盛开30~40朵小白花，散发着甜香。

原产地:	中国南部
学名:	Jasminum polyanthum
科名:	木犀科
别名:	羽衣茉莉、素馨
分类:	常绿蔓性木本
树高:	200~300cm（蔓生）
耐寒性/耐热性:	
0℃・普通	

花语

诱惑/富有魅力的人

花色

白

	1月	2月	3月	4月	5月	6月	7月	8月	9月	10月	11月	12月	
													园艺开花期
													盆花流通期
				种植				种植					园艺管理

原产地：西亚、中亚
学名：Hyacinthus
科名：百合科
别名：小纹风信子、夜香兰、荷兰风信子
分类：球根类
株高：15~30cm
耐寒性/耐热性：
-10℃·普通

诞生花 12月11日

花语
运动/游戏/
初恋的一心一意/悲哀

花色
红/粉/白/
黄/青/紫

风信子

萦绕着希腊神话的悲剧
富有芳香的紫花

　　风信子是一种分布在地中海沿岸的球根植物。在希腊神话中有这么一个传说：为太阳神阿波罗所爱的美少年雅辛托斯正兴致勃勃投掷圆盘的时候，西风之神泽菲罗斯心生嫉妒，使圆盘砸中了雅辛托斯的头部致其死亡，雅辛托斯头部流出鲜血，被血染红的草丛间开出了悲伤的紫花，它就是风信。诉说悲剧的紫花的花语是"悲哀"，而粉花的花语则是从投掷圆盘联想到的"运动"。

　　1543年，在世界上最古老的植物园——奥托植物园（Orto Botanico）中栽培了风信子，之后在欧洲各地推广。继17世纪兴起的郁金香狂热后，18世纪的风信子栽培热潮也常盛不衰，据说球根价值高，十分畅销。丰富多样的花色以及品质上好的芳香是其高人气的原因。温室栽培的风信子花被用于制作圣诞裙子上的胸花，也适于水栽欣赏。

	1月	2月	3月	4月	5月	6月	7月	8月	9月	10月	11月	12月	
													园艺开花期
													切花流通期
									种植				园艺管理

原产地: 北欧、英国~德国
学名: Viola
科名: **紫罗兰科**
别名: **人面花**
分类: 秋季一年生草本
株高: 20~30cm
耐寒性/耐热性:
−10℃・弱

诞生花
杏色: 2月7日
紫色: 1月16日

花语
思考/思念/
杏色: 愉快的心情
紫色: 爱的使者

花色
白/红/粉/橙/
黄/蓝/紫/茶/黑/混合色

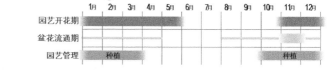

	1月	2月	3月	4月	5月	6月	7月	8月	9月	10月	11月	12月
园艺开花期												
盆花流通期												
园艺管理		种植									种植	

三色堇、紫百合

想被思念之人所思念
寄托了朴素心愿的花

　　园艺品种三色堇诞生于欧洲野山上盛开的紫罗兰，大轮、花色丰富，从秋季直到晚春持续开花半年时间。目前，三色堇作为一年生草本，花苗生产量位居榜首。Viola是紫罗兰属的学名，园艺上来说，花径4cm以上的叫三色堇，4cm以下的叫紫百合。三色堇于1864年左右传入日本，1961年以柳宗民为首，设立了三色堇协会，致力于收集世界各国的品种。从那之后，日本在三色堇品种改良方面一直保持世界顶尖水平。

　　三色堇（Pansy）是从法语Pensées（想念的人）转变而来的，据说是由于三色堇向下弯曲的花蕾样子很像人们思考事物的姿态。同时，它也是情人节使用的花束之一。想被思念之人所思念，三色堇就是寄托了这种朴素心愿的花。

冰糕XP 淡黄底斑纹
(Sorbet XP Primrose Blotch)

冰糕XP 梦幻
(Sorbet XP Morpho)

常开紫罗兰 柔软淡紫
(Lavender Soft)

常开紫罗兰 菠萝黄
(Pineapple)

冰糕XP 粉晕
(Sorbet XP Pink Haro)

冰糕 黑色欢欣
(Sorbet Black Delight)

常开紫罗兰 树莓红
(Rasp berry)

自然桃色
(Pasio Peaeh)

班尼 白底斑纹
(Benny White Blotch)

班尼 蔷薇底色斑纹
(Benny Rose Bloth)

彩虹色紫罗兰 贵族(Noble)

彩虹色紫罗兰 可爱月亮
(Lovely Moon)

花之力量 特洛蓝
(Floral Power True Blue)

天使 赤陶
(Angel Terra Cotta)

如画紫罗兰 深紫(Mule)

梦幻(Morpho)

原产地：日本
学名：Wisteria floribunda
科名：豆科
别名：野田藤、紫藤
分类：落叶蔓性木本
树高：500cm以上（藤蔓生长）
耐寒性/耐热性：强·弱

诞生花 5月25日

花语
最幸福的时刻/
无论发生何事都不分离

花色
白/粉/紫

多花紫藤

从万叶时代被和歌所咏唱
为日本的风土增添雅致

　　紫藤原产于日本，与樱花一样，是日本的代表性花卉之一。田边福麻吕在《万叶集》中作了一首歌："去看看那藤浪的绽放，是子规将啼叫之时"。清少纳言在《枕草子》中也写到紫藤。从平安时代到镰仓时代，紫藤经常出现在画卷或是屏风画中，也被匠人绘制在工艺品上。到了晚春，无数络花簇垂下绽放的姿态，甚是典雅美观。从紫藤架下仰望观赏是一种奢侈的乐趣，不过从很早以前，紫藤也作为盆栽、盆花而受人喜爱。

	1月	2月	3月	4月	5月	6月	7月	8月	9月	10月	11月	12月	
													园艺开花期
			种植										园艺管理

蓝色雏菊

静谧的蓝与耀眼的黄
那鲜明的色差令人记忆深刻

原产地：南非
学名：Felicia
科名：菊科
别名：费利西亚、琉璃雏菊
分类：多年生草本（宿根草）
株高：30~60cm
耐寒性/耐热性：
5℃·普通

诞生花 12月25日

花语
纯粹/可爱的你/
受到恩惠

花色
蓝/白/粉

　　蓝色雏菊从南非开普地区沿东岸均有分布，于18世纪中期传入欧洲。具有坚韧结实的性质，目前开放在全世界温带地区的国家。可爱的蓝色花瓣与正中间鲜艳的黄色给人强烈的视觉印象。学名Felicia源自拉丁语的Felix，意思是"受到恩惠"。蓝色雏菊的美也是一种恩惠，因此，这也成了它的花语。

	1月	2月	3月	4月	5月	6月	7月	8月	9月	10月	11月	12月
园艺开花期												
盆花流通期												
园艺管理			种植									

原产地: 中南美
学名: Fuchsia
科名: 柳叶菜科
别名: 吊钟海棠、钓浮草、
灯笼花
分类: 常绿灌木
树高: 20~200cm
耐寒性/耐热性:
−5℃・弱（根据品种而
定）

诞生花 7月31日

花语
有品质的兴趣/
有品位/温暖的心

花色
白/红/粉/
橙/紫/混合色

**迪巴系列 (DEVA Series)
新娘粉 (Bridal Pink)**

细花

**迪巴系列 (DEVA Series)
樱桃色＆白色 (Cherry & White)**

灯笼海棠
可爱的花朵垂挂下来
宛若贵妇人的耳饰

　　雄蕊与雌蕊纤长突出，形成了独特的花形。从枝头长出长长的花柄，花朵像纸灯笼一般，十分可爱，多数都是垂挂下来的姿态。因此，这样的花形与姿态，在欧美被叫作Lady's ear drops（贵妇人的耳饰）。

　　虽然灯笼海棠分布于以中南美为中心的热带地区，但由于生长在安第斯山脉的高原地带，它的耐热性较弱，30℃以上的环境就会不利于其生长，在高温多湿的日本几乎不被栽培。然而近年来，兼具耐寒性与耐热性的优秀园艺品种相继诞生，令人耳目一新。灯笼海棠的园艺品种多达3000种，人们将它种植在吊盆或是带脚容器中，为的是近距离欣赏花的细节。学名Fuchsia源自德国植物学家Leonhard Fuchs的名字，它也被叫作钓浮草、灯笼花。

	1月	2月	3月	4月	5月	6月	7月	8月	9月	10月	11月	12月	
													园艺开花期
													盆花流通期
			种植										园艺管理

小苍兰

产自南非的芳香花朵
花名取自德国医师的名字

　　小苍兰是生长在开普地区的鸢尾科球根植物。植物猎人以革伦发现了散发清新芳香的小苍兰，并以他的一个弟子——德国医生 Friendrich Friese 的名字命名。18世纪，荷兰开始栽培小苍兰。到了19世纪末，小苍兰作为园艺植物出现在市场上。日本则从昭和时代起正式栽培小苍兰，当时似乎芳香浓郁的白花也很有人气。

原产地:	南非
学名:	Freesia
科名:	鸢尾科
别名:	浅黄水仙
分类:	球根类
株高:	30~60cm
耐寒性/耐热性:	稍弱·普通

诞生花 2月28日

花语
优雅/天真烂漫/孩子气

花色
白/红/粉/橙/黄/紫/混合色

	1月	2月	3月	4月	5月	6月	7月	8月	9月	10月	11月	12月	
													园艺开花期
													切花流通期
									种植				园艺管理

	1月	2月	3月	4月	5月	6月	7月	8月	9月	10月	11月	12月
园艺开花期												
切花流通期												
园艺管理								种植				

牡丹

高贵之美
不愧为"百花之王"
历代皇帝也为之着迷

　　从公元前起，牡丹就在原产地中国作为药用花材而栽培。南北朝时代以后，历代皇帝都为牡丹所吸引，积极鼓励栽培。牡丹作为观赏用的花卉，在中国已有1500年的历史，是美的象征，被称为"百花之王"。日本在奈良时代从中国引进药用牡丹，随后也开始栽培观赏用的牡丹。到了江户时代，大量的新品种诞生。随着牡丹育种不断推进完善，目前看到的都是明治时期以后诞生的牡丹品种。

原产地:	中国
学名:	Paeonia suffruticosa
科名:	牡丹科
别名:	二十日草、深见草、名取草、山橘
分类:	落叶灌木
树高:	30~300cm
耐寒性/耐热性:	强·弱

诞生花 5月17日

花语
富贵/具有风格

花色
白/红/粉/黄/绿/紫

	1月	2月	3月	4月	5月	6月	7月	8月	9月	10月	11月	12月
园艺开花期												
切花流通期												
园艺管理										种植		

贝母

黑百合

沙海蜇贝母
(Meloagris)

帝王贝母 (Imperialis)

贝母

在西方是独具个性的代表
在日本则是惹人怜爱的存在

在北半球温带地区，生长着约100种贝母的同类品种，尽管每个品种都是花朵呈吊钟形状、向下方盛开的姿态，然而东西方的喜好却大有不同。胚上有紫红色方格模样的沙海蜇贝母，从中世纪起在欧洲被栽培，又常出现在16世纪的绘画作品中，仅从花瓣的样子就能辨识出来。同时，长约1m的花茎上茂盛地长出小型叶片，像菠萝一样，6~10朵花向下开放，这就是帝王贝母。黄色或橙色的贝母花朵鲜艳而美丽，深深吸引人们的视线，无法转移。

另一方面，在日本本州中北部的北高山以及北海道生长的黑百合等品种，散发楚楚可怜的气息，与上述品种形成鲜明对比。然而，由于栽培难度大，几乎没有日本产贝母的栽培案例。

原产地: **北半球温带**
学名: *Fritillaria*
科名: **百合科**
别名: **瓔珞百合**
分类: **球根类**
株高: **10~100cm**
耐寒性/耐热性:
−10℃ · 弱

诞生花 5月4日

花语
天上的爱/王的威严/
使人高兴

花色
白/红/橙/黄/
绿/紫/茶/黑/混合色

原产地：欧洲中部、亚
洲北部
学名：Veronica
科名：玄参科
别名：琉璃虎之尾
分类：多年生草本（宿
根草）
株高：20~100cm
耐寒性/耐热性：
0℃・普通

花语
人性之善/坚固/忠实

花色
蓝/紫/粉/白

婆婆纳

鼓足勇气的圣女之蓝
呈穗状密集盛开小花

品质尚好的蓝紫色小花聚集成长长的穗状盛开。它的花语"人性之善""忠实"，是展现她鼓起勇气谨慎守护的圣女品质吧。

婆婆纳在北半球有300个品种，在日本也生长着约20个品种。归化植物波斯婆婆纳虽然花形与草形都跟婆婆纳有差异，然而也是它的同类品种。小花成群开放，作为高人气地被植物的牛津蓝与格鲁吉亚蓝也与之十分相像。穗状姿态的婆婆纳是以长叶野扇花为主体杂交而来的品种，十分适合用来装饰庭院。

格鲁吉亚蓝
(Georgia Blce)
株高：10~20cm
4~6月开花

碎花婆婆纳
(Veronica Officinalis)
株高：10~20cm 5~9月开花

金色婆婆纳・托里哈恩
(Gold Veronica)
株高：10~40cm
5~8月开花

米菲布鲁托 (Miffy Brute)
株高：约15cm 4~7月开花

头天兰
株高：约50cm 8~10月开花

1月	2月	3月	4月	5月	6月	7月	8月	9月	10月	11月	12月	
												园艺开花期
												切花流通期
		种植					种植					园艺管理

56

玛格丽特花

一边说着喜欢、不喜欢、喜欢……
一边摘下花瓣，占卜恋爱的花

　　玛格丽特花原产于非洲大陆西北部的加那利群岛。明治时代末期传入日本，广受人们喜爱。纯白的花瓣被比作珍珠，花名取自希腊语"Margarites（珍珠）"。后来在法国兴起了品种改良运动，从那时起，玛格丽特花也被叫作巴黎雏菊。因为其叶片像春菊，茎会木质化，因此和名为木春菊。一边将花瓣一片片摘下，一边可以占卜恋情的发展趋势，因而也是恋爱占卜之花。

原产地: **非洲、加那利群岛**
学名: **Argyranthemum**
科名: **菊科**
别名: **木春菊、巴黎雏菊**
分类: **多年生草本（宿根草）**
株高: **20~120cm**
耐寒性/耐热性: **稍弱·普通**

诞生花 2月20日

花语
真实的爱/
恋爱的去向/信赖

花色
白/粉/红/
黄/橙

	1月	2月	3月	4月	5月	6月	7月	8月	9月	10月	11月	12月	
													园艺开花期
													切花流通期
			种植					种植					园艺管理

菊蒿

充满野趣的初夏之花
作为解热剂的药草

　　菊蒿原产于西亚到帕尔半岛，在欧洲也能看到野生的花，属于菊科。由于曾经被分类到菊蒿属，现在依然保留着这个名称。到了初夏会盛开许多小花，因此和名也叫作夏白菊。英文名 Feverfew 是降温解热的意思，指的是有解热、镇静的药效，原种单瓣型菊蒿也被作为药草茶和入浴剂使用。可以将干燥后的菊蒿叶片用来驱赶蚊虫。

	1月	2月	3月	4月	5月	6月	7月	8月	9月	10月	11月	12月	
													园艺开花期
													切花流通期
			种植							种植			园艺管理

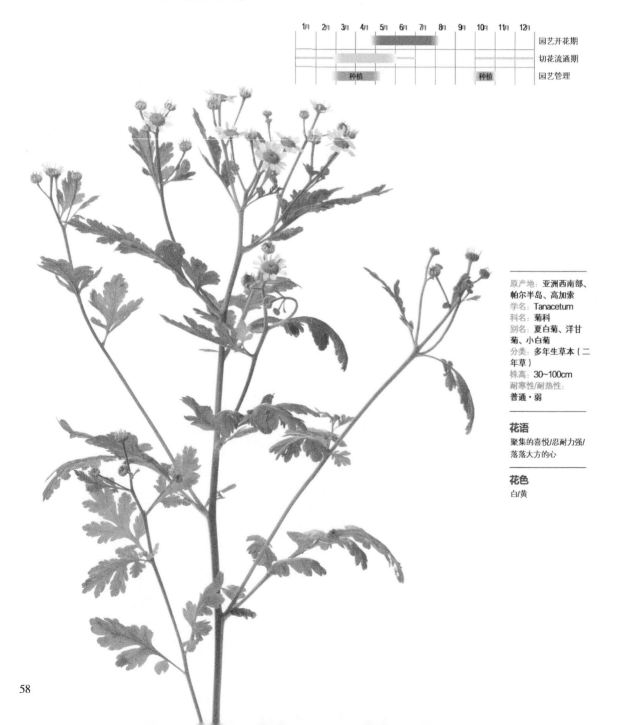

原产地: 亚洲西南部、帕尔半岛、高加索
学名: Tanacetum
科名: 菊科
别名: 夏白菊、洋甘菊、小白菊
分类: 多年生草本（二年草）
株高: 30~100cm
耐寒性/耐热性:
普通·弱

花语
聚集的喜悦/忍耐力强/落落大方的心

花色
白/黄

都忘菊

从江户时代起
常见于庭院和茶室

原产地:	日本
学名:	Gymnaster
科名:	菊科
别名:	东菊、深山嫁草、野春菊
分类:	多年生草本（宿根草）
株高:	20~50cm
耐寒性/耐热性:	−10℃・普通

诞生花　5月13日

花语
短暂的别离/坚强的意志

花色
白/粉/蓝/紫

　　原产地为日本。都忘菊的花名则是从生长在日本的深山嫁菜园艺品种而来。原种深山嫁菜是淡蓝色的，从江户时代起经过品种改良后诞生的园艺品种都忘菊拥有粉色和白色的花，广受人们喜爱。关于花名都忘，曾有这样一个有趣的故事：镰仓时代，顺德天皇败给北条氏后，逃亡到佐渡岛，看到这朵花时不禁停留了目光，"哪怕只是短暂的一瞬，也能够让人忘却了首府。"

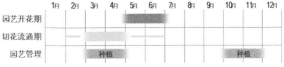

	1月	2月	3月	4月	5月	6月	7月	8月	9月	10月	11月	12月
园艺开花期												
切花流通期												
园艺管理				种植						种植		

原产地:	中国
学名:	Orychophragmus
科名:	十字花科
别名:	诸葛菜、大紫罗兰花、花萝卜、紫金菜
分类:	秋季一年生草本
株高:	30~60cm
耐寒性/耐热性:	−5℃・弱

诞生花　2月18日

花语
聪明/智慧之泉/优秀的智能

花色
紫

紫花菜

据说足智多谋的诸葛亮
带着此花的种子前往营地

　　紫花菜原产于中国，于江户时代传入日本，昭和30年之后，在全国范围内普及。紫花菜的名字来源于，它紫色的花很像菜之花。它的别名诸葛菜则是来源于中国的兵法高人诸葛孔明将花的种子带到营地的趣闻。然而在中国，诸葛菜指的是芜菁，容易混淆。同时，紫花菜也被叫作花萝卜，但在分类上二者是不同的植物。

	1月	2月	3月	4月	5月	6月	7月	8月	9月	10月	11月	12月
园艺开花期												
园艺管理										种植		

紫花风信子

放任种植的球根植物极具人气
也有国家将其球根做成醋渍菜

　　紫花风信子是球根植物，在地中海沿岸和亚洲西南地区分布着约50个同类品种。由于长得像葡萄，英文名叫Grape Hyacinth（葡萄风信子）。在分类上是与风信子相近的，然而它的株高10~20cm，小小的壶形花朵聚集开放，十分可爱，并不像风信子那样的存在，而是小球根密集种植成群开花。

　　在荷兰球根植物专门庭院——库肯霍夫公园，有一条只密集种植了紫花风信子的河，美得仿佛映照了蓝天，名气很高。这里的球根植物每年都会被挖掘出来，换个场地再种植，然而即使随意种植，每年也依然会盛开许多花朵，这也是它极具人气的理由之一。作为园艺上市的是杏黄风信子以及白葡萄风信子的种子。吊兰风信子也被称为羽状紫花风信子，人们将它的球根制作成意大利料理醋渍菜来食用。近年来，紫花风信子鲜切花也很有人气。

白葡萄风信子
(Botryoides Album)

	1月	2月	3月	4月	5月	6月	7月	8月	9月	10月	11月	12月
园艺开花期			▬▬	▬								
盆花流通期		▬										
园艺管理										种植		

原产地: 地中海沿岸、亚洲西南
学名: Muscari
科名: 百合科
别名: 葡萄风信子
分类: 球根类
株高: 10~20cm
耐寒性/耐热性:
−10℃·普通

诞生花 2月2日

花语
沉默是金/
我的心/宽宏的爱

花色
紫/黄/白/混合色

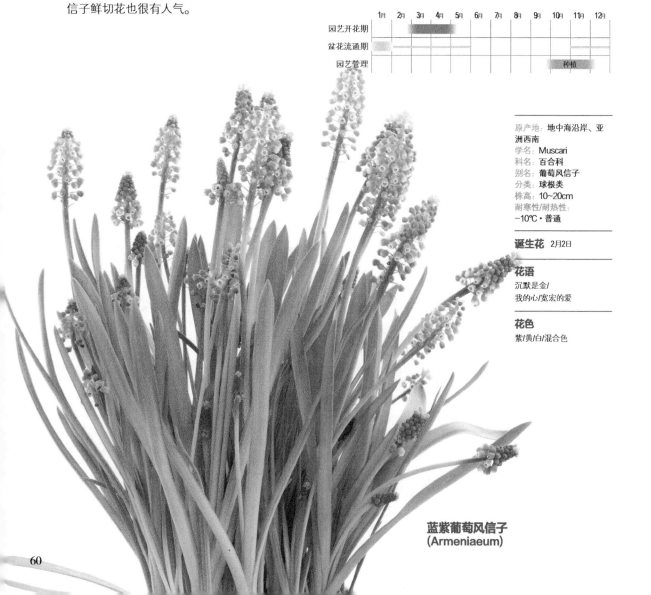

蓝紫葡萄风信子
(Armeniaeum)

矢车菊

是图坦卡蒙
以及凯撒皇帝所心爱的花

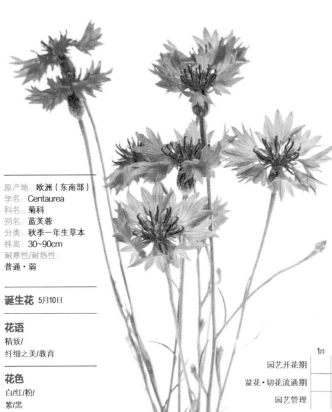

在端午节时候开花，花形像鲤鱼旗杆的风车，因此叫作矢车菊。在欧洲，矢车菊常常于麦田上开花，因而英文名叫小麦之花（Corn Flower）。矢车菊是德国初代皇帝凯撒心爱的花，于是就成为了德国的国花。追溯历史，据记载，在古埃及图坦卡蒙的棺材里供奉着由矢车菊和橄榄等编成的花环。然而，在日本山野生长的虎耳草科矢车草则是与矢车菊不同的植物。

原产地：欧洲（东南部）
学名：Centaurea
科名：菊科
别名：蓝芙蓉
分类：秋季一年生草本
株高：30~90cm
耐寒性/耐热性：
普通・弱

诞生花 5月10日

花语
精致/
纤细之美/教育

花色
白/红/粉/
紫/黑

	1月	2月	3月	4月	5月	6月	7月	8月	9月	10月	11月	12月
园艺开花期												
盆花・切花流通期												
园艺管理			种植							种植		

雪割草

从很早以前的江户时代起
它的多彩就为许多狂热者所感叹

雪割草分布于本州中部以西，早春时候比其他花卉开花开花早，能够看到可爱的花姿，别名又叫三角草。叶片的形状以及大小，根据原产地不同而有所差别，被冠以大三角草、洲滨草、毛洲滨草以及雪割草等名称。然而无论哪种都没有花瓣，看上去像花瓣的其实是萼片。变异品种繁多，颜色或是萼片数都各有差异。多样多彩的花姿惹人注目。江户时代，在《长乐花谱》这本图谱中载录了69种雪割草的图片，使它博得了较高的人气。在分类上，雪割草是樱草的一个品种。

原产地：（日本）本州中部以西
学名：Hepatica
科名：毛茛科
别名：三角草、洲滨草、毛洲滨草、地樱花
分类：多年生草本（宿根草）
株高：10~20cm
耐寒性/耐热性：
普通・普通

诞生花 1月18日

花语
信任的心/
充满自信/高贵

花色
白/粉/
红/紫/混合色

	1月	2月	3月	4月	5月	6月	7月	8月	9月	10月	11月	12月
园艺开花期												
园艺管理			种植					种植				

花毛茛

从地中海沿岸传入欧洲
光泽透亮的千重万重花瓣品种

千重万重光泽透亮的薄花瓣层层卷起，10cm的花茎构成大型的轮廓，十分美观。原本是春季开花的球根植物，然而切花也在秋季至春季流通上市。发芽的球根幼苗从秋末开始上市，当年年内开花。直到春季，人们都能愉快地欣赏。

根据土耳其宫廷品种改良的土耳其系、18世纪传入欧洲的园艺品种波斯系、经法国改良后传入荷兰的法国系等，多彩的花毛茛品种备受瞩目。近年来，小型品种、单瓣品种，或是中心呈绿色的品种等相继登场，变得愈发有魅力。花毛茛与银莲花的品种相近，但它拥有银莲花所没有的黄色或橙色系的花色，在白昼较短的季节里带来温暖的氛围。

花毛茛的同类品种在地中海沿岸和亚洲东南部均有分布，在日本也生长着26个品种，然而不论哪种都是较为朴素的存在。

原产地：欧洲东南部、亚洲西南部
学名：Ranunculus
科名：毛茛科
别名：花金凤花
分类：球根类
株高：20~50cm
耐寒性/耐热性：
−10℃·普通

诞生花　6月10日

花语
富有魅力的/
明朗的魅力

花色
黄/白/红/
粉/紫/绿/
橙/混合色

阿多斯
(Athos)

克莱蒙特
(Clermont)

中号黄毛茛
(M-Bisc)

中号粉毛茛
(M-Pink)

罗谢尔
(Roshell)

米特奥拉
(Meteora)

中号紫毛茛
(M-Purple)

1月	2月	3月	4月	5月	6月	7月	8月	9月	10月	11月	12月	
												园艺开花期
												切花流通期
									种植			园艺管理

原产地: 地中海沿岸
学名: Lavandula
科名: 唇形科
别名: 小纹薰衣草、英国
薰衣草
分类: 常绿灌木、香草
树高: 50~130cm
耐寒性/耐热性:
强·弱

花语
期待/清纯/
等你

花色
紫/白/粉

法国薰衣草
(Avon View)

英国薰衣草(Hidcote)

索耶斯
薰衣草

薰衣草

作为药用或香料使用而制成精油
为生活增添色彩的香草

　　属名薰衣草"Lavandula"拉丁语中是"清洗"的意思,因为罗马时期,人们洗浴时会使用薰衣草。从地中海沿岸到加那利群岛、印度一带约分布着20种薰衣草品种。

　　其中具有代表性的是小纹薰衣草(英国薰衣草),全草拥有浓郁的芳香,花与茎叶中富含精油,从古时候起人们就利用它来制作香水。在19世纪的德川时代首次引进薰衣草,当时只是作为药用香料。然而,那令人眼前一亮的蓝色花朵与迷人芳香,使得薰衣草成为备受人们喜爱的园艺植物。由于耐热性不强,无法对抗日本的炎热气候,所以主要在北海道等地栽培。耐热性较强的品种是醒目薰衣草系,生长快,株型较大。其他品种诸如法国系、索耶斯系,经过干燥处理后散发香气,可以作为干花欣赏使用,是很有人气的香草。

	1月	2月	3月	4月	5月	6月	7月	8月	9月	10月	11月	12月
园艺开花期								也有四季开花的品种				
盆花流通期												
园艺管理										种植		

63

原产地：非洲北部、
葡萄牙、西班牙南部
学名：Linaria
科名：玄参科
别名：公主金鱼草
分类：秋季一年生草
本、多年生草本（宿
根草）
株高：20~40cm
耐寒性/耐热性：
−10℃·普通

诞生花 4月10日

花语
留意这份恋情/
漫无边际的想象

花色
红/白/粉/
黄/紫/混合色

柳穿鱼
在庭院或是阳台上轻轻摇曳游荡
花色多彩的"金鱼"

在北半球分布着100种以上的柳穿鱼。明治时代末期传入日本。有一年生和多年生草本的品种，有可以生长到1m长、随风摇曳的高性品种，也有身形娇小、低处开花的品种，拥有多彩的花色。春季开花的公主金鱼草是一年生草本，高30~50cm，茎的前端形似金鱼草的花呈穗状开放。花名Linaria来源于希腊语Linon（植物亚麻），因为它细长的叶子形似亚麻的叶片。

	1月	2月	3月	4月	5月	6月	7月	8月	9月	10月	11月	12月
园艺开花期												
盆花流通期												
园艺管理										种植		

露薇花
从落基山脉的岩石下
倏然盛开的美丽的"花火"

花 名Lewisia也 读 作Luisia，来源于18世纪成功横跨美国大陆的探险家路易斯的名字。露薇花常见于落基山脉西北部到加利福尼亚的山地，由于在砂石或岩土地带生长，所以不易存活于太过湿润的地方。多肉质的叶片横向蔓延，花茎直立生长，开出白色、粉色、红色的花，仿佛放烟花时绽放的火花，因而别名叫作岩花火。大正时代传入日本。

原产地：北美洲的落基山
脉周边
学名：Lewisia
科名：马齿苋科
别名：岩花火
分类：多年生草本（宿根
草）
株高：10~30cm
耐寒性/耐热性：
强·弱

花语
热切的思念/
模糊的思念

花色
白/粉/
橙/紫/
红/黄

	1月	2月	3月	4月	5月	6月	7月	8月	9月	10月	11月	12月	
													园艺开花期
													盆花流通期
			种植										园艺管理

羽扁豆

雄大的花穗直立生长
改变了北海道的风景

　　叶片特征是像张开的手掌，花穗像紫藤的花一样，从下往上盛开，因此也叫作升藤。在地中海沿岸以及美国南北部等地分布着约300个品种。在古代欧洲，羽扁豆作为药草被食用，也被作为肥皂或牧草使用。明治时期，日本将羽扁豆作为绿肥引进，在北海道、河口湖周边自然生长。在海外，羽扁豆是大豆过敏者的替代食品，不含苦味和毒性的白色羽扁豆或是将毒性处理后的羽扁豆品种在市面上流通。

　　园艺品种中的代表——多叶羽扁豆于1844年从美国传入英国，经乔治·拉塞尔进行品种改良后，诞生了拉塞尔羽扁豆。植株高大，蓝紫和粉色的雄大花穗直立生长起来，具有魄力。羽扁豆不喜移植，因此只要直接播种即可。

原产地: 北美
学名: Lupinus
科名: **豆科**
别名: **升藤、叶团扁豆**
分类: **多年生草本（宿根草、二年草）**
株高: **40~100cm**
耐寒性/耐热性:
−10℃·弱

诞生花 **11月27日**

花语
丰富的想象力/许多同伴

花色
白/红/粉/橙/
黄/紫/混合色

黄花羽扁豆
（藤黄）(Lnteus)
欧洲南部原产 一年生草本
株高:约50cm

木薯羽扁豆
（多毛）(Hirsutus)
欧洲南部原产 一年生草本
株高:60~80cm

	1月	2月	3月	4月	5月	6月	7月	8月	9月	10月	11月	12月
园艺开花期					■	■						
盆花流通期			■	■								
园艺管理			种植							种植		

勿忘草

蕴藏恋人们的悲伤情感
在河边成群开放的小花

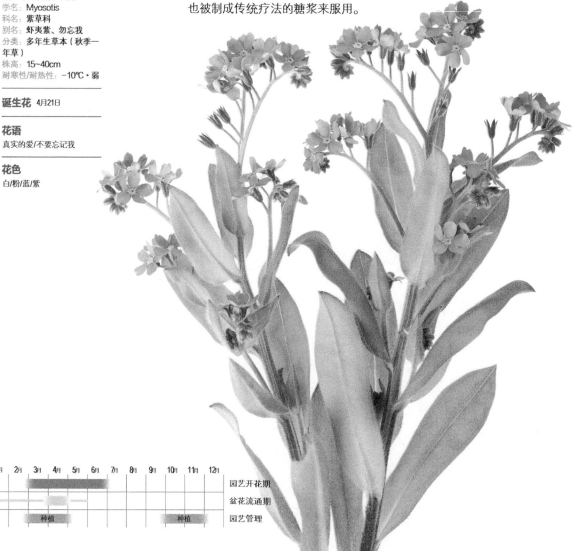
与太白花的杂交品种

淡紫色、粉色、白色的小花成群绽放，很是可爱。在关于勿忘草的诸多神话故事中，最浪漫的当属源自德国的一个传说。在多瑙河畔散步的恋人发现了岸边的花，男人想要将花摘下来送给恋人，却不慎脚滑跌入河中。被水流冲走的他一边说着"不要忘记我"，一边将花朵扔向岸边，而他的恋人将这朵花戴在头上，戴了一辈子。由于这个传说，在德国直到现在，人们都会在至亲之人的墓前献上勿忘草。

在以欧洲为中心直到大洋洲一带约生长着50种勿忘草，市面上的品种以虾夷紫及其园艺品种为主。虾夷紫在本州中部以北的湿地区域野生化发展，耐热性较弱，因此在园艺上被视为一年生草本。勿忘草对哮喘等呼吸道疾病具有良好的治疗效果，在欧洲也被制成传统疗法的糖浆来服用。

原产地：欧洲、亚洲
学名：Myosotis
科名：紫草科
别名：虾夷紫、勿忘我
分类：多年生草本（秋季一年草）
株高：15~40cm
耐寒性/耐热性：−10℃・弱

诞生花 4月21日

花语
真实的爱/不要忘记我

花色
白/粉/蓝/紫

1月	2月	3月	4月	5月	6月	7月	8月	9月	10月	11月	12月	
												园艺开花期
												盆花流通期
		种植						种植				园艺管理

夏
Summer

夏
Summer

从天竺葵到矮牵牛

装饰欧洲街道
花卉的变化

在欧洲，从窗沿的彩盒中盛开的花，满满的，像是快要溢出来一般，为街道装点了色彩。5月种下花苗，直到秋季霜降时节都能心情愉悦地欣赏。比起居住者眺望欣赏，街上行走的路人们更能够享受这番美景。

纯红的天竺葵具有较强的抗旱性，开花持续时间长久，与红屋脊、白墙相映，从远处看来十分醒目。因此，它是欧洲窗边装饰花的必选。茎与叶散发独特的香气，能够毫不费力地有效避免虫害。它与同类品种常春藤天竺葵一起出售。在春季的园艺店里，经常能够看到大量的花苗陈列出售。然而，就在约20年前，这样的光景开始出现了变化。

在伦敦的街上，像行道树似的排列着吊兰盆栽。即使是酒吧和住宅中也摆满了种植花卉的盆。而盆里种的花，从原先的天竺葵开始向紫色的矮牵牛转变了。

园艺意识较高的英国是最早识别矮牵牛的，然而这股园艺热潮推广至整个欧洲的过程，并没有想象中那么久。

矮牵牛是矮牵牛花的园艺品种。1980年，Suntory公司（现Suntory Flowers公司）与京成蔷薇园艺共同开发培育矮牵牛，并在1989年开始在日本售卖。属于营养系品种，几乎完全继承了母株的形态特质。营养系品种原本就开花数量多，如起伏的波浪一般扩大生长。与该品种特征相应地，华美程度也不断增长。正因如此，矮牵牛与欧洲的窗沿彩盒或是吊挂花篮都十分般配。

矮牵牛拥有天竺葵所没有的紫色，目前，矮牵牛也拥有了较多不同的花色。美女樱品种的塔皮恩与花手鞠、小花矮牵牛中的万钟、山梗菜中的阿祖罗等，这些品种相继从Suntory登场。每个品种都很容易种植，开花数量繁多的矮牵牛以及阿祖罗在欧洲这种非梅雨季节、湿度较低的地方不易枯萎，反而会盛开得愈发美丽。

用花朵装饰窗边与街边，在这个文化的作用下，人们也会对新品种的反应更敏锐吧。从矮牵牛开始向海外出口后连续20多年，它出现在街上人们所到之处、目光所及之处，可见人们对它的喜爱。

日本原产的花朵是否也能像这样满满地盛开在海外的街道上？我们不得而知。然而，花卉的流行也许跟时尚一样，存在于全世界的潮流中。

*取材、摄影协助/Suntory Flowers

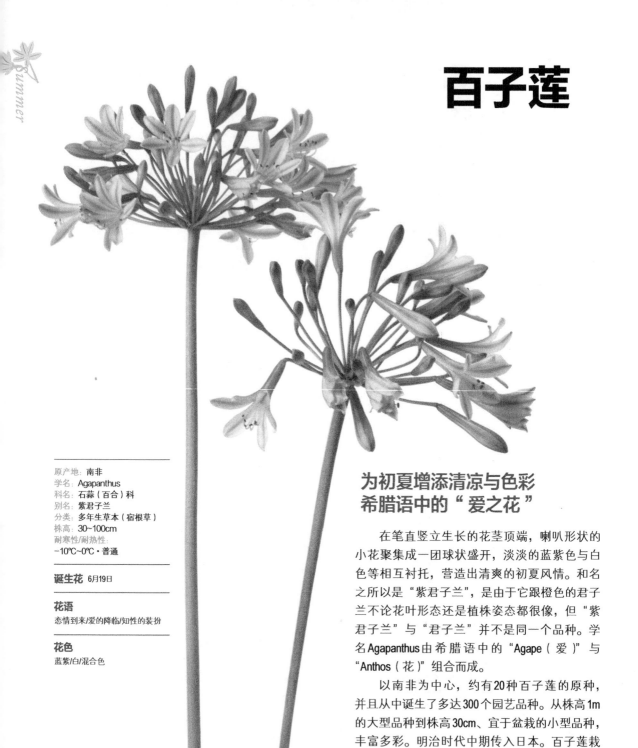

百子莲

原产地: 南非
学名: Agapanthus
科名: 石蒜(百合)科
别名: 紫君子兰
分类: 多年生草本(宿根草)
株高: 30~100cm
耐寒性/耐热性:
-10℃~0℃·普通

诞生花 6月19日

花语
恋情到来/爱的降临/知性的装扮

花色
蓝紫/白/混合色

为初夏增添清凉与色彩
希腊语中的"爱之花"

在笔直竖立生长的花茎顶端，喇叭形状的小花聚集成一团球状盛开，淡淡的蓝紫色与白色等相互衬托，营造出清爽的初夏风情。和名之所以是"紫君子兰"，是由于它跟橙色的君子兰不论花叶形态还是植株姿态都很像，但"紫君子兰"与"君子兰"并不是同一个品种。学名Agapanthus由希腊语中的"Agape(爱)"与"Anthos(花)"组合而成。

以南非为中心，约有20种百子莲的原种，并且从中诞生了多达300个园艺品种。从株高1m的大型品种到株高30cm、宜于盆栽的小型品种，丰富多彩。明治时代中期传入日本。百子莲栽种后任其生长，几乎不需要耗费精力就能够让它茁壮成长。由于花朵鲜艳突出，常被种植在庭院、公园里的花坛或花箱里。成群种植十分美艳，鲜切花也常见于市面。

1月	2月	3月	4月	5月	6月	7月	8月	9月	10月	11月	12月	
												园艺开花期
												切花流通期
			种植					种植				园艺管理

牵牛花

在极盛期的江户时代烂漫绽放
在现代成群开放到秋季的花

从很早以前起就一直深受日本人喜爱，如今东京·入谷的"牵牛集市"已成了每年夏天的靓丽风景。自江户时代初期诞生了白花牵牛起，园艺品种改良的热潮便兴起了，除了花色变化外，杂色系、镶边系、桔梗系、牡丹系等，所谓"变种牵牛花"相继登场。以盆栽花的形式开始兴起栽培热潮，幕府末期，东京、大阪、京都等地还召开了名叫"花合"的品评会。之后，大轮品种的牵牛开始集聚人气，甚至还诞生了花径为25cm的巨型牵牛花。

牵牛花是日本在全世界引以为豪的代表性园艺植物，然而据说它的原产地为亚洲东南部，奈良时代才从大唐传入日本，当时作为药用植物被利用。正如英文名"Morning Glory"，牵牛花是正午就凋谢的半日花。然而，近年来，美国热带地区产的三色旗（西洋牵牛）园艺品种——天堂之蓝，能够绽放到傍晚时分，博得了较高的人气。该品种开花直到10月，改变了一直以来牵牛花的景色。

原产地：**泛热带（详细不明）**
学名：*Ipomoca*
科名：**旋花科**
别名：**（朝颜）、清晨之光、东云草、牵牛子、镜草**
分类：**春季一年草（藤蔓性）**
株高：**20~200cm**
耐寒性/耐热性
10℃·强

诞生花 7月24日

花语
伟大的友情/
紧密相连的羁绊

花色
白/红/粉/蓝/
紫/混合色

宿根牵牛（琉球牵牛）
市面上也叫作野牵牛，6~10月开花

天堂之蓝
（西洋牵牛）
(Heavenly Blue)

海洋之蓝
（宿根牵牛）
(Ocean Blue)

	1月	2月	3月	4月	5月	6月	7月	8月	9月	10月	11月	12月
园艺开花期												
盆花流通期								瓶苗流通旺季、盆花为7~8月				
园艺管理							种植					

原产地: 地中海沿岸
学名: Acanthus
科名: 爵床科
别名: 叶蓟
分类: 多年生草本（宿根草）
株高: 100~150cm
耐寒性/耐热性:
强·强

诞生花 8月13日

花语
有品格的举止/
充满艺术的技能/
对艺术的爱

花色
白/粉

爵床

堂堂正正的姿态
是生命力的象征

　　夏天，爵床的白色花朵与桃色的苞叶一起，从高高生长的花茎自下而上地盛开。大叶片在地面铺展开，深深的刻痕与浓浓的绿意十分美丽，到冬天也不会枯萎。整株植物的高度超过1m，姿态强劲有力。在公元前5世纪的希腊，爵床作为生命力的象征，被设计师们利用，"爵床图案"由此诞生。之后，它作为装饰建筑物的图案，出现在罗马教堂的天花板壁画中。正如其花语"对艺术的爱"，爵床与艺术密切相关。

1月	2月	3月	4月	5月	6月	7月	8月	9月	10月	11月	12月	
												园艺开花期
		种植						种植				园艺管理

原产地: 墨西哥、秘鲁
学名: Ageratum
科名: 菊科
别名: 大郭公蓟、郭公蓟、丝绵花
分类: 多年生草本（春季一年草）
株高: 15~60cm
耐寒性/耐热性:
10℃·普通

诞生花 5月3日

花语
信赖/安心感/
深深信赖

花色
蓝/粉/白

藿香蓟

独特的花形蓬松柔软
无论何时都次第开放

　　蓬松飘逸的小花聚集在一起，给人柔和的印象。花期长，从初夏直到秋季陆续开花。花名Ageratum在希腊语中意味着"不会老去"，这并不是指它不会褪色，而是它能够在漫长的期间内持续开花。与蓟花相似，由于其细长的花瓣、摇曳的姿态，也有了英文名"Floss Flower（有绒毛的花）"这一称号。

	1月	2月	3月	4月	5月	6月	7月	8月	9月	10月	11月	12月
园艺开花期												
切花流通期												
园艺管理					种植							

翠菊

从中国传至法国
从欧洲传向世界

原产地：中国
学名：Callistephus
科名：菊科
别名：虾夷菊
分类：春季一年草
株高：30~80cm
耐寒性/耐热性：
无·普通

诞生花 6月9日

花语
多种多样/回想往事/
信任的心

花色
白/红/粉/黄/
紫/混合色

　　翠菊原产于中国北部。曾经是紫菀属植物，现在则是翠菊属。Callistephus意为"美丽的皇冠"，它美丽的花冠引人注目。1731年，神父丹卡尔·B.U.将其种子从中国运送到法国植物园，开始了育种的起源。之后，在传入德国、美国的过程中，经过一系列的改良，诞生了如今多姿多彩的品种面貌。

	1月	2月	3月	4月	5月	6月	7月	8月	9月	10月	11月	12月
园艺开花期												
切花流通期												
园艺管理					种植							

落新妇

无论是多雨的季节
还是光照较少的场所
都不受影响

原产地：日本、中国、亚洲中部，北美
学名：Astilbe
科名：虎耳草科
别名：泡盛升麻、乳茸刺
分类：多年生草本（宿根草）
株高：30~100cm
耐寒性/耐热性：
-10℃·普通

诞生花 5月14日

花语
自由自在/
快乐的恋情降临

花色
粉/红/白/紫

　　原产地为东亚和北美地区。在西日本山地区域也生长着数种同类，为人所知的是山野草的泡盛升麻以及乳茸刺。将这些与中国原产种杂交，培育出了大量的园艺品种。近年来，纤细的彩色品种也诞生了。植株强健，即使多雨季节也不会对密集的花束造成伤害，在半阴天气也能生长得很好。

	1月	2月	3月	4月	5月	6月	7月	8月	9月	10月	11月	12月
园艺开花期												
切花流通期												
园艺管理			种植					种植				

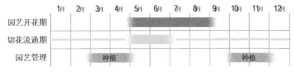

紫阳花

令班克斯男爵一见倾心
使日本的花卉成为世界的主流

　　紫阳花属植物以日本为首，在东亚、南北美生长着40个品种。1789年，英国博物学者班克斯男爵将日本的额紫阳花从中国引进，诞生了具有丰富花色的西洋紫阳花（绣球花）。日本在这种逆输入之后，以盆栽形式种植紫阳花成了主流，这也是一种不可思议的趋势。

　　另一方面，在日本各地自然生长着的山紫阳花，经过杂交或是品种改良，诞生了许多品种，比如赤色浸染的装饰花"红额"、深紫色的"虾夷紫阳花"、花序几乎只成了装饰花的重瓣"七段花"等。此外，近年来，利用北美原产的"柏叶紫阳花""美国紫阳花"的园艺品种，在花期过后制成"安娜贝尔"等干花，也很有人气。

蓝色地球
(Blue Earth)

圣母白
(Jungfrau White)

	1月	2月	3月	4月	5月	6月	7月	8月	9月	10月	11月	12月	
													园艺开花期
													切花流通期
			种植										园艺管理

原产地：东亚、南北美
学名：Hydrangea
科名：绣球（虎耳草）科
别色：绣球花、七变化
分类：落叶灌木
树高：50~200cm
耐寒性/耐热性：
−10℃·普通

诞生花 6月14日

花语
有耐心的爱情/见异思迁

花色
蓝/紫/粉/白

银边紫阳
(Frau Fujigo)

苘麻

在庭院与屋檐处可爱地摇曳
红黄相间的小灯

原产地：巴西
学名：Abutilon
科名：锦葵科
别名：浮钓木、蒂罗尔灯
分类：蔓性木本
树高：约150cm（蔓生）
耐寒性/耐热性：稍弱·普通

花语
尊敬/真相只有一个/看清目标

花色
红/黄

苘麻也被称为浮钓木，开花的姿态像下垂的钓鱼浮标，十分有个性。英语中也有"Tyrolean Lamp"这一别称，由于其看上去也像下垂的小灯而得名。筒状的红色部分为萼，从中间露出的黄色部分则是花瓣。苘麻的花期较长，由于具有蔓性，也适合种植在栅栏或拱门处。花朵如芙蓉般向下开放，具有木立性的特征，以及各种不同的花色，人们也称其为"中国花灯"。

苘麻
树木性

	1月	2月	3月	4月	5月	6月	7月	8月	9月	10月	11月	12月	
													园艺开花期
					种植								盆花流通期
													园艺管理

原产地：北美
学名：Evolvulus
科名：旋花科
别名：土丁桂
分类：多年生草本（宿根草）
株高：10~30cm
耐寒性/耐热性：
5℃·强

诞生花 10月14日

花语
两人的羁绊/满溢的思念

花色
白/蓝

美国蓝

喜好阳光
映照夏日天空的蓝

在以南北美为中心的地区生长着约400种土丁桂属植物的原种。20世纪80年代才传入日本，并以"来自美国的蓝花"为名在市面上流通。属名为土丁桂，匍匐生长的花茎顶部盛开着纯蓝小花，有着太阳一照射就闭上花瓣的特性，实在惹人怜爱。耐热、耐旱能力较强，从初夏直到秋季，尤其在盛夏也能持续开花。花茎常常分枝，横向蔓延生长，因此最适合种在吊盆或是箱体的边缘。

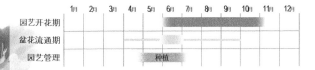

	1月	2月	3月	4月	5月	6月	7月	8月	9月	10月	11月	12月
园艺开花期												
盆花流通期												
园艺管理				种植								

朱顶兰

壮丽的大轮花朵
从球根生长出来

　　至少有6出花瓣的大型华丽花卉，见者都为其吸引，无法离开视线。球根植物，生长在以巴西、秘鲁为中心的南美地区，17世纪末期首次被荷兰的郝尔曼记录，自此愈发有人气。18世纪末，英国钟表工约翰逊培育出了园艺品种"约翰索尼"。江户时代末期，日本引入了3种朱顶兰原种。

　　目前在世界上流通的圆瓣巨轮品种基本上都是由朱顶兰生产量世界第一的荷兰改良而成的。虽然是球根植物，然而不易分球，因此能够长久地利用种子繁殖生长。20世纪中叶，荷兰的路易登女士利用这一点成功实现朱顶兰的人工繁殖，自此，朱顶兰作为园艺植物培育取得了成功。实际上，朱顶兰的分类并非朱顶兰属，现在的属名为孤挺花属，可以根据叶片生长出来后才开花这一点来鉴别。

原产地：**南美**
学名：Hippeastrum
科名：**石蒜科**
别名：**孤梃花、咬吧水仙**
分类：**球根类**
株高：**40~80cm**
耐寒性/耐热性：
稍弱・强

诞生花 6月21日

花语
内向的少女/
出色的美

花色
白/红/粉/
橙/黄/绿/
混合色

绿宝石
(Green Diamond)

双重樱桃
(Double Cherry Blossom)

重瓣樱

	1月	2月	3月	4月	5月	6月	7月	8月	9月	10月	11月	12月	
													园艺开花期
													切花流通期
		种植											园艺管理

原种龙虱（Cybister）

同瓣草

清爽的星形花
飘逸柔软地盛开

　　一朵朵淡蓝、淡紫、粉红、白色的星形花轻柔地盛开。呈锯齿状刻痕的叶片有种脱落感，在夏季营造清爽的氛围。同瓣草属约有10种品种，腋生同瓣草是原产于澳大利亚的多年生草本，喜好干燥温暖的气候，具有较强的耐热性。然而，它耐寒性较弱，在日本则作为一年草培育。在20世纪90年代英国的园艺热潮中，同瓣草迅速普及，广为人知，非常适合种在花坛边缘或是吊盆里。

　　目前同瓣花的属名为Isotoma，源于希腊语"Iso（平等）"和"Toma（分割）"，因为它的花瓣呈现平均的五等分。不过在这之前，根据意大利植物学者Laurent的名字，同瓣花也被称为Laurentia，甚至更早以前还被叫作Hiphoproma，拉丁语为"马醉"的意思。将它的根与茎切开后，溢出含有生物碱的白色汁液，触碰后会使皮肤红肿，需引起注意。

	1月	2月	3月	4月	5月	6月	7月	8月	9月	10月	11月	12月
园艺开花期												
盆花流通期												
园艺管理				种植								

粉色同瓣草(Pink)

原产地：澳大利亚
学名：Isotoma
科名：桔梗科
别名：长星花、长冠草
分类：多年生草本（一年草）
株高：20~30cm
耐寒性/耐热性：
10℃·强

诞生花 7月15日

花语
神圣的回忆/
温柔的告知

花色
白/粉/紫/蓝

77

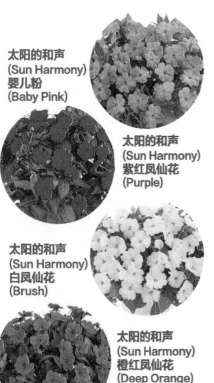

太阳的和声
(Sun Harmony)
婴儿粉
(Baby Pink)

太阳的和声
(Sun Harmony)
紫红凤仙花
(Purple)

太阳的和声
(Sun Harmony)
白凤仙花
(Brush)

太阳的和声
(Sun Harmony)
橙红凤仙花
(Deep Orange)

凤仙花

在夏日的背阴处不断绽放的花儿
从中诞生了能够耐受盛夏烈日的新品种

　　呈圆顶形状茂密生长的根茎上开满花朵，从初夏直到秋季，在半阴凉的花坛里陆续绽放。从生长于非洲东部的原种开始，在欧洲、美国、瑞士以及日本等地区诞生了许多园艺品种。缤纷的花色与多彩的品种装点了花园。重瓣系列凤仙花等品种像小型的蔷薇，博得了不少人气。

　　学名Impatiens源自拉丁语"Impatient（没耐心、无法忍耐）"，因为只要一触碰成熟的凤仙花果实，它的种子就会飞出来散落在地。由此联想到，指甲花也是它的同类品种，元禄年间传入日本，近年来几乎已经看不到了。而比较显眼的品种是由新几内亚凤仙花诞生出来的太阳凤仙花等，它们能够耐受盛夏的烈日，其鲜艳的花色与斑纹的叶片，给人颇有热带风格的印象。

原产地：非洲东部
学名：Impatiens
科名：凤仙花科
别名：非洲凤仙花
分类：多年生草本（一年草）
株高：20~40cm
耐寒性/耐热性：
10℃·普通

诞生花 9月1日

花语
不要分心/丰富的心

花色
白/红/粉/橙

	1月	2月	3月	4月	5月	6月	7月	8月	9月	10月	11月	12月
园艺开花期												
盆花流通期												
园艺管理				种植								

松果菊

鼓起的花蕊
与缤纷的花色带来夏天的气息

花朵的中心鼓起形似针插的花蕊，周边围绕着的细长的花瓣（舌状花）依次下垂，过不了多久就会散落，最后只剩下花蕊，这样的形态十分有趣。不论是鲜切花，还是将最终只剩花蕊形态做成的干花，都很受欢迎。花名Echinacea来源于希腊语"Echinos"（刺猬），因为花蕊上的筒状花顶端像尖刺一样。

很久以前，北美地区的原住民将松果菊作为药草来使用，近年来，欧洲以及日本国内相继培育出多样化的园艺品种，将这些多年生草本的数棵植株栽种在一起，生长为大株，看上去十分壮观美丽，成为夏日庭院里的靓丽风景线。

艺术的尊严
(Art Pride)

帕拉德草
(Pallael)

偏心
(Ecceutric)

原产地: 北美
学名: Echinacea
科名: 菊科
别名: 紫马连菊、紫锥花、紫锥菊
分类: 多年生草本（宿根草）
株高: 60~150cm
耐寒性/耐热性:
-15℃·普通

诞生花 10月7日

花语
治愈你的伤痛/
深刻的爱情

花色
红/粉/橙/
黄/白/绿

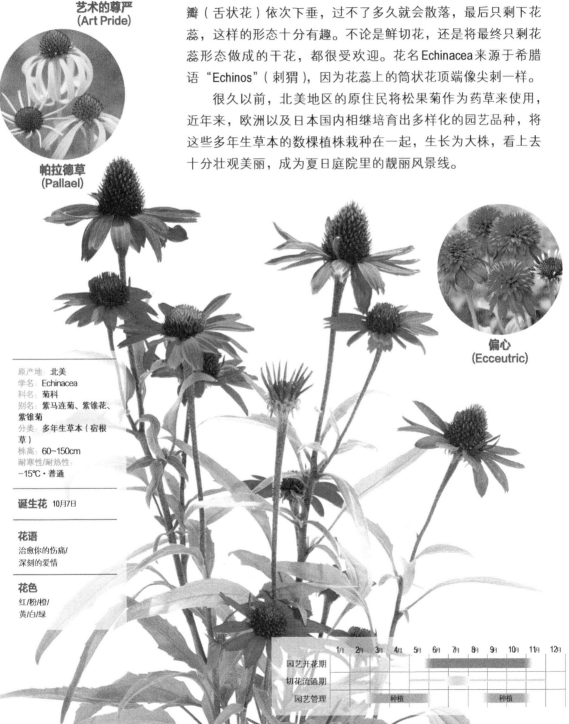

	1月	2月	3月	4月	5月	6月	7月	8月	9月	10月	11月	12月
园艺开花期												
切花流通期												
园艺管理				种植					种植			

刺芹

为花坛带来清凉
为花束增添光彩

原产地:	欧洲
学名:	Eryngium
科名:	水芹科
别名:	松伞蓟、襟卷蓟等
分类:	多年生草本（宿根草）
株高:	100~120cm
耐寒性/耐热性:	强·弱

花语

隐秘的爱/秘密之恋

花色

蓝/紫/白

　　刺芹属花卉以欧洲为中心在全世界广泛分布。有超过200个品种，各个品种的花朵大小、姿态各异。只是大部分花色为蓝、紫、白等冷色系，带有金属质感的光泽。目前栽培的大多为平面刺芹或其杂交品种。纤细的花茎霍然伸长，顶端生长着似松果形状的花。凑近细看，还能看到银青色小花聚集成球状，带有尖刺的花苞将花包围，形成了独特的样子。

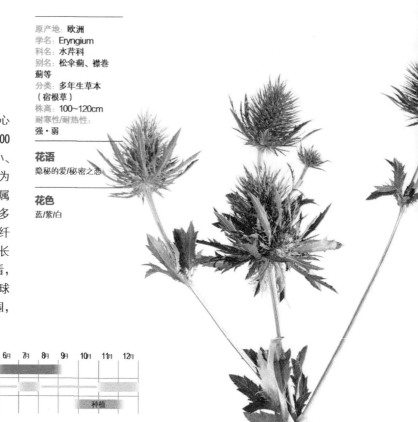

	1月	2月	3月	4月	5月	6月	7月	8月	9月	10月	11月	12月
园艺开花期												
切花流通期												
园艺管理			种植						种植			

紫茉莉

唤醒夏日黄昏记忆的
究竟是何种颜色的花

原产地:	热带美洲
学名:	Mirabilis
科名:	紫茉莉科
别名:	白粉花、夕化妆、四点钟、白粉草
分类:	多年生草本（一年草）
株高:	60~100cm
耐寒性/耐热性:	稍弱·强

诞生花　8月5日

花语

寂静肃穆的爱情/柔和的笑脸

花色

红/橙/黄/粉/白混合色/杂色斑驳

　　从夏季开到秋季，在日本各地都能看到的熟悉的花，具有芳香。将种子弄碎后，会有白粉似的胚乳溢出来。原产地为热带美洲，江户时代传入日本，1694（元禄7年）年在贝原益轩的《花谱》中记载了这种花。由于在黄昏时分开花，别名也叫"夕化妆"，英文名为"Four o'clock"（下午4点）。第二天早晨就闭上花瓣，是只绽放一夜的花。在同一株上可能也会开出不同颜色的花。

	1月	2月	3月	4月	5月	6月	7月	8月	9月	10月	11月	12月
园艺开花期												
园艺管理				种植								

原产地: **热带美洲**
学名: **Brugmansia**
科名: **茄科**
别名: **木本曼陀罗、木立朝鲜牵牛**
分类: **常绿灌木**
树高: **100~300cm**
耐寒性/耐热性:
稍弱·普通

诞生花 10月19日

花语
从远方思念我/
惹人怜爱

花色
白/粉/橙/黄

天使的号角

在夏日的暗夜中显露花姿
无数花朵如天使的号角

夏季的傍晚时分，许多长达20cm的喇叭状白花垂挂下来，像灯笼一样，给人留下深刻印象。近年来，黄色系或是粉色等品种也纷纷出现在市面上。人们把拥有"天使号角"之称并且朝下开花的灌木品种叫作"木立朝鲜牵牛"学名 **Brugmansia**，把向上开花的一年草、多年草品种叫作"朝鲜牵牛"（曼陀罗）。直到最近几年，二者才被当作同一品种，因此现在也把"木立朝鲜牵牛"叫作"曼陀罗"。

这两种是有毒植物，当时是作为药用植物来栽培。常被人们认为是热带花木，然而与之相比，由于天使的号角在美洲与亚洲高地生长，所以耐热性较弱，耐寒性较强。因此，在日本关东以西温暖地区的庭院里种植，能够度过寒冷的冬季。

	1月	2月	3月	4月	5月	6月	7月	8月	9月	10月	11月	12月
园艺开花期												
盆花流通期												
园艺管理				种植								

原产地：欧洲、地中海沿岸
学名：Origanum
科名：唇形科
别名：牛至花
分类：多年生草本（宿根草）
株高：10~40cm
耐寒性/耐热性：
强·普通

花语
实质的/将你的苦痛消除

花色
粉

牛至

它的同类品种也能够
让人享受到花朵与芳香

肯特美人
(Keut Beaclty)

牛至株高 30~40cm，具有清爽的芳香，常在肉类、番茄料理中使用。与罗勒叶、百里香一样，是广泛用于烹饪的药草。对感冒或消除疲劳具有良好的疗效，也可泡茶饮用。较有人气的观赏型牛至则是叫作"肯特美人"的园艺品种，前端淡粉色的苞叶像花瓣一样重叠，从苞叶的间隙生长出极小的花朵。即使单棵种植也很有观赏价值。

	1月	2月	3月	4月	5月	6月	7月	8月	9月	10月	11月	12月
园艺开花期												
盆花流通期												

原产地：南非
学名：Gazania
科名：菊科
别名：勋章菊
分类：多年生草本（一年草、宿根草）
株高：20~30cm
耐寒性/耐热性：
稍弱·弱

诞生花 6月26日

花语
洁白/近在身旁的爱/
以你为自豪

花色
白/黄/橙/粉/红

杂色菊

耀眼的花色充满成熟之美
希望开满庭院的夏之勋章

杂色菊原产于南非，明治时代末期传入日本。和名为勋章菊，因为它像勋章一样吸引人们的目光。耀眼的色彩是其特征。拥有白、黄、粉等丰富的花色。如蛇眼模样的中心部分与花瓣的颜色形成鲜明的反差对比，花期从春季直到秋季，然而花朵被阳光照耀就会闭起来。学名 Gazania 来源于翻译了植物学书的希腊学者 Teodur.Of.Gaza 之名。

	1月	2月	3月	4月	5月	6月	7月	8月	9月	10月	11月	12月	
													园艺开花期
													盆花流通期
				种植				种植					园艺管理

美人蕉

与骄阳烈日相匹配的花
仿佛说着欢迎来到日本之夏

原产地：**热带美洲**
学名：**Canna**
科名：**美人蕉科**
别名：**花美人蕉、荷兰美人蕉、檀特**
分类：**球根类**
株高：**40~160cm**
耐寒性/耐热性：
稍弱・强

诞生花 9月13日

花语
永恒/坚实的未来/壮丽之美

花色
红/橙/黄/白/混合色

美人蕉原产于美洲热带地区，其中叫作"檀特"的原种于江户时代初期传入日本。19世纪中期起，数个品种相继在欧美国家诞生。目前所能看到的大多数为观赏型杂交品种，它们也被叫作花美人蕉。喜好高温多湿的环境，拥有鲜艳亮丽的花色，叶片上有铜黄色的条纹，富有魅力。近期，株高约50cm的低矮品种也较有人气。

	1月	2月	3月	4月	5月	6月	7月	8月	9月	10月	11月	12月
园艺开花期												
园艺管理			种植									

原产地：**西印度诸岛**
学名：**Acalypba**
科名：**大戟科**
别名：**铁苋菜**
分类：**多年生草本（热带植物）**
株高：**20~40cm**
耐寒性/耐热性：
弱・普通

花语
任性/兴高采烈/开朗

花色
红

猫尾花

柔软地绽放，随风摇曳
充满妖媚可爱的嫣红花朵

猫尾花原产于西印度诸岛，长6~8cm的红色花穗，像猫的尾巴一样，轻飘柔软。纤细的花茎匍匐伸长分枝，开花后像被压垮似的垂挂下来。适合寄种在吊盆或花箱。如果不受雨水浸湿，花穗能够存活将近1个月。如果温度保持在10℃以上，还能欣赏到一整年的花。同样是铁苋菜属的植株中，还有花长50cm的大型品种"红纽之木"。

	1月	2月	3月	4月	5月	6月	7月	8月	9月	10月	11月	12月
园艺开花期												
盆花流通期												
园艺管理				种植								

原产地: 东亚
学名: Platycodon
科名: 桔梗科
别名: 气球花、蚊之火、盆花、嫁取花
分类: 多年生草本（宿根草）
株高: 20~100cm
耐寒性/耐热性: −10℃·普通

诞生花 10月31日

花语
留态/深刻的爱情/不变的爱

花色
白/粉/紫

桔梗

在江户时期诞生了丰富多彩的品种
原生种已濒临灭绝

　　桔梗生长在日本全境、朝鲜半岛等东亚地区，喜好光照较好的草原。遗憾的是，原生种目前已濒临灭绝。纤细高挑的姿态、宽钟形的花朵充满风情。英文名 **Balloon Flower** 来自于它那气球一般鼓起的花蕾。山上忆良在《万叶集》中歌咏的秋季七草"朝颜"指的就是桔梗。很早以前就被人们种植在庭院里，鲜切花也深受喜爱。

　　比起楚楚动人的地上部分，桔梗多肉质的肥根富含皂角苷这一药效成分。将其干燥处理后，可制成中药。另外，拥挤绽放的品种或是花瓣像兔耳朵的品种等，在江户时代诞生了不少现在所看不到的多样化园艺品种。可惜到了明治时代中期，很大一部分品种都已灭绝了。

**阿斯特拉粉桔梗
(Astra Pink)**

重瓣桔梗

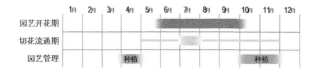

	1月	2月	3月	4月	5月	6月	7月	8月	9月	10月	11月	12月
园艺开花期												
切花流通期												
园艺管理				种植					种植			

原产地: 东亚
学名: *Gardenia jasminoides*
科名: 茜草科
别名: 栀子、加德尼亚
分类: 常绿灌木
树高: 100~200cm
耐寒性/耐热性:
稍弱・强

诞生花 4月29日

花语
幸福快乐/带来喜悦

花色
白

栀子花

与梅雨季的天空相称
散发甜香短暂盛开的花

　　在梅雨季节的天空下，盛开了大朵纯白的花，浓郁的甜香弥漫在空气中。与春季的沈丁花、秋季的丹桂一同被称为三大芳香植物。黄昏时盛开的纯白花朵，次日就泛黄了，十分短暂。原生种是分布于东海以南直到印度地区的灌木植物。基础品种为单瓣花，重瓣栀子花则是引入美国经过大规模改良后的品种。目前，重瓣栀子花作为庭院植物和鲜切花形式在市面上流通。

　　学名Gardenia来源于18世纪知名的医师兼植物学家Alexander Garden的名字。栀子花的果实作为山栀子这一中草药材被人们利用。此外，它还用于食品的着色与染色。

单瓣栀子花

重瓣栀子花

	1月	2月	3月	4月	5月	6月	7月	8月	9月	10月	11月	12月
园艺开花期												
盆花流通期												
园艺管理				种植								

剑兰

有助力秘密之恋的浪漫传说

原产地:	非洲·地中海沿岸
学名:	Gladiolus
科名:	鸢尾科
别名:	荷兰鸢尾、唐菖蒲、阿兰陀菖蒲
分类:	球根类
株高:	40~130cm
耐寒性/耐热性:	弱·强

诞生花 7月26日

花语
不平凡的爱/密会/胜利

花色
红/粉/黄/橙/白/蓝/紫/绿/混合色

在盛夏的烈日下，无拘无束向上开放的姿态，不愧是夏季花坛的王牌。有奢华上等的春季品种，也有花色、大小丰富多样的夏季品种。明治时代引进日本，受到人们广泛的喜爱。学名Gladiolus源于拉丁语"Gladius（剑）"，因为它笔直生长的花穗、坚固尖锐的叶片，如剑一般。

	1月	2月	3月	4月	5月	6月	7月	8月	9月	10月	11月	12月
园艺开花期						▓	▓	▓	▓	▓		
切花流通期								▓	▓	▓		
园艺管理				种植								

原产地:	亚洲东南部
学名:	Curcuma
科名:	姜科
别名:	姜黄·青叶、黄姜、张开的郁金
分类:	球根类
株高:	50~80cm
耐寒性/耐热性:	弱·普通

诞生花 8月30日

花语
沉醉于你的身姿/姻缘

花色
粉/白

姜黄

是郁金的同类品种出现在花店门口

姜黄属植物在热带亚洲各地分布着约50个品种，其中叫作郁金（隆加）的品种于平安时代引进日本，近年来以Turmeric这一名称受人喜爱，被广泛作为药材和食材使用。原产于亚洲东南部。像花一样的苞叶呈清爽的白色系，适合作为盆花欣赏。最近，为了观赏用而栽培出长着粉色或是玫瑰色花苞的同类品种，它们以姜黄的名字出现在市面上。拥有讨人喜欢的颜色，高50~80cm的植株，常用作鲜切花、盆花和庭院植物。

	1月	2月	3月	4月	5月	6月	7月	8月	9月	10月	11月	12月	
							▓	▓	▓	▓			园艺开花期
									▓				盆花流通期
				种植									园艺管理

醉蝶花

可爱而清爽
如风中曼舞的蝴蝶

原产地:	热带美洲
学名:	Cleome
科名:	风蝶草科
别名:	西洋风蝶草、大蜘蛛花
分类:	春季一年草
株高:	60~100cm
耐寒性/耐热性	
弱·强	

诞生花 10月5日

花语
秘密的时间/小小的恋爱

花色
白/粉/紫

醉蝶花于明治初期引进日本，株高60~100cm，从夏季到秋季，茎的上部开满花朵。细长的雄蕊和雌蕊飞出，仿佛蝴蝶在风中翩翩起舞，因此也有了"西洋风蝶草"的名字。虽然每一轮的寿命短暂，然而能够持续开花，相当长时间都能欣赏到。花色依次变淡，整体呈现美丽的渐变效果。

	1月	2月	3月	4月	5月	6月	7月	8月	9月	10月	11月	12月	
													园艺开花期
													盆花流通期
					种植								园艺管理

嘉兰

强烈的存在感
如火焰燃起的热带之花

原产地:	热带非洲、热带亚洲
学名:	Gloriosa
科名:	秋水仙（百合）科
别名:	狐百合、百合车
分类:	球根类（蔓性）
株高:	100~120cm
耐寒性/耐热性:	
弱·普通	

诞生花 12月18日

花语
勇敢/憧憬才能/充满荣光的世界

花色
黄/粉/红/混合色

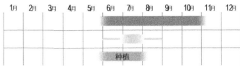

Rothschildiana

原产于热带非洲和热带亚洲，明治末期传入日本。花朵向下盛开，花瓣大幅卷起，边缘呈波浪状，雄蕊与雌蕊大胆地暴露在外，花姿令人印象深刻。花名源自拉丁语"Gloriosus（荣光、出色）"，因为它堂堂正正盛开的姿态像燃烧的火焰一般。比较典型的是浓郁红色上带有黄色边缘的品种。不过，黄色系、粉色系等品种也各有其魅力。需要注意的是，茎与球根具有毒性。

	1月	2月	3月	4月	5月	6月	7月	8月	9月	10月	11月	12月
园艺开花期												
切花流通期												
园艺管理				种植								

原产地:墨西哥
学名:Epiphyllum
科名:仙人掌科
别名:月下美人
分类:多年生草本(多肉植物)
株高:100~200cm
耐寒性/耐热性:
弱·普通

诞生花 11月20日

花语
只想见你一次也好/
渺茫之爱

花色
白

昙花

在茂密丛林的夜晚
开出芳香四溢的花

大朵纯白的花散发出宜人芳香,到了夜晚8、9点,层层叠叠的花瓣最大程度盛开,无数根如细丝般的雄蕊探出来,绽放的姿态持续2~3小时。若是在气温较低的环境下,花朵能够维持到次日清晨,然而依然是仅盛开一晚的花。昙花是孔雀仙人掌的同类品种,花朵可食用,在中国还被用作汤的配料。

	1月	2月	3月	4月	5月	6月	7月	8月	9月	10月	11月	12月
园艺开花期												
盆花流通期												
园艺管理					种植							

鹭草

花的姿态仿佛展翅的白鹭

原产地:日本、中国、朝鲜半岛
学名:Habenaria
科名:兰科
别名:鹭草、白鹭草
分类:球根类
株高:20~30cm
耐寒性/耐热性:
普通·强

花语
即使梦中也想念你/
神秘

花色
白

之所以有鹭草这个名字,是因为它的花形像是展翅的白鹭。虽然它是日本各个湿地都随处可见的兰花,然而由于采伐泛滥导致数量骤减,被归为濒危品种而受到保护。如今,即使山野草品种也吸引了不少爱好者前来欣赏。很早以前,在东京世田谷有一块生长着鹭草的地方,当地还流传着关于鹭草的战国时期的传说。1968年,鹭草被确定为世田谷的区花,每年夏季举办的"世田谷萤火虫祭与鹭草市集"上,会有盆栽鹭草上市,汇聚了越来越多的鹭草爱好者。

	1月	2月	3月	4月	5月	6月	7月	8月	9月	10月	11月	12月
园艺开花期												
园艺管理		种植										

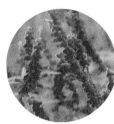

格雷茨基(Greggii)
（樱桃鼠尾草）
(Cherry Sage)

宿根草

丹参(Leucantha)
（紫水晶鼠尾草）
(Amethyst sage)

宿根草

原产地：南美、欧洲
学名：Salvia
科名：紫苏科
分类：多年生草本（一年草、
宿根草）
株高：30～200cm
耐寒性/耐热性：
根据品种不同而有所差异

诞生花 9月21日

花语
熊熊燃起的思念/
美满的家庭/家族之爱

花色
红/粉/紫/白/蓝/混合色

鼠尾草

曾经受人喜爱的绯衣草
也是鼠尾草的同类品种

仿佛烈火燃烧般娇艳的绯红花穗。说起鼠尾草，就使人联想到绯衣草（象牙红），然而鼠尾草的品种竟多达900种。主要原产于南美。据说象牙红这个品种在生长地能够长到1m。蓝花鼠尾草（Farinacea）于昭和时期初次引进日本，品质优良的紫花与花轴相映衬，美丽动人。鼠尾草品种都是多年生草本，但在园艺上则是作为一年草来栽培。

此外，药用鼠尾草（洋苏草）也是鼠尾草的同类品种。还有大株栽培的紫水晶鼠尾草（丹参）以及南欧丹参（鬼鼠尾草）、从夏季直到秋季都能欣赏到的樱桃鼠尾草（格雷茨基）等，种类十分丰富。药用鼠尾草可作为鱼肉、鸡肉、猪肉料理的香料使用，其他品种的鼠尾草既可以栽种在庭院里欣赏，又能作为香料以及干花使用。

	1月	2月	3月	4月	5月	6月	7月	8月	9月	10月	11月	12月
园艺开花期						一年生						
						宿根性						
盆花流通期												
园艺管理			一年生：种植					一年生：种植				
			宿根性：种植							宿根性：种植		

墨西哥焦点
(Mexicana Limelight)
（墨西哥鼠尾草）
(Mexican Sage)

宿根草

象牙红(Splendens)

原产地:	南非
学名:	Sandersonia
科名:	百合科
别名:	圣诞铃、中国灯笼百合
分类:	球根类
株高:	50~70cm
耐寒性/耐热性:	稍弱·普通

宫灯百合

形如钟铃,仿佛能听见铃声
鲜切花颇有人气

诞生花 9月19日

花语
虔诚祈祷/
对祖国的思念/共鸣

花色
橙/黄

宫灯百合株高约50~70cm,从纤细的叶片缝隙之间长出直径约2cm的吊钟形花朵,并呈下垂的姿态。原产于南非,花名取自发现它的John Sanderson的名字。1973年引进日本,切花十分有人气,几乎全年在市面流通。春季种植的球根植物,种植的时候要注意别弄坏了形如细长手指的块茎(球根)前段长出的嫩芽。

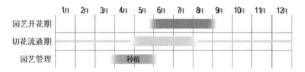

	1月	2月	3月	4月	5月	6月	7月	8月	9月	10月	11月	12月
园艺开花期												
切花流通期												
园艺管理				种植								

原产地:	中国南部、马来西亚
学名:	Ixora
科名:	茜草科
别名:	仙丹花、龙船花
分类:	常绿灌木(热带植物)
树高:	30~150cm
耐寒性/耐热性:	10℃·强

山丹花

与它共度元气满满的夏天

花语
怀抱热切的思念/
干劲十足/喜悦

花色
白/红/粉/
橙/黄

山丹花是原产于中国南部、马来西亚的热带花木。江户时代中期经过冲绳传入日本,山丹花在冲绳也被叫作仙丹花,来自于中国的名称"山丹"。橙红色山丹花品种是最常见的,除此之外还有黄、白、红、粉等颜色的花。色彩鲜艳的小花聚集在一起,与光洁的叶片相衬,充满南国风情。花朵顽强,花期漫长,适宜种在夏日的花坛里或是花盆里,而作为插花与花束等的夏季花材也颇有人气。

	1月	2月	3月	4月	5月	6月	7月	8月	9月	10月	11月	12月	
													园艺开花期
													切花流通期
				种植									园艺管理

缤纷百日菊 (Profusion)

原产地: 墨西哥
学名: Zinnia
科名: 菊科
别名: 百日草
分类: 春季一年生草本
株高: 20~60cm
耐寒性/耐热性:
弱・普通

诞生花 10月3日

花语
思念远在他乡的朋友/
不变的心/羁绊

花色
红/白/黄/粉/
橙/绿/混合色

百日菊

能够持续盛开100日
在原产地是带来幸福的花

　　百日菊属花卉生长在以墨西哥为中心的地区, 16世纪以前一直是 Azteca 族栽培的。到了18世纪后半叶, 林奈将德国医生兼植物学家 Johann.G.Zimm 的姓氏用英文的读法为百日菊取名为 Zinnia。其中具有代表性的品种 Zinnia elegans 于1862年引进日本。由于花期为7～10月, 能够长久持续开花, 因此也被叫作百日草。从大轮种到小轮种, 从重瓣绒球绽开型到仙人掌绽开型等, 再加上单瓣开花型分枝多、叶片纤细的狭叶百日菊 (细叶百日草), 丰富多彩的多样化品种为夏日的花坛增添了色彩。多花性的缤纷百日菊以及独具个性, 花色鲜艳的扎哈拉百日菊等新品种十分富有人气。百日菊在巴西是辟邪驱魔、带来幸福的花朵, 在里约的狂欢节上, 人们会将百日菊投向盛装游行的花车。

百日草

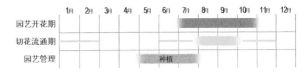

	1月	2月	3月	4月	5月	6月	7月	8月	9月	10月	11月	12月
园艺开花期												
切花流通期												
园艺管理					种植							

小花毛地黄 (Parviflora)
牛奶巧克力 (Milk Chocolate)
株高：约60cm

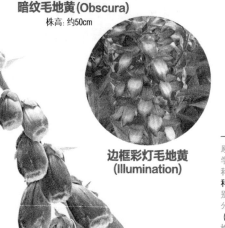

暗纹毛地黄 (Obscura)
株高：约50cm

边框彩灯毛地黄
(Illumination)

毛地黄

雄伟而娇艳的花穗
然而也包含了不吉利的印象

　　株高1m的雄伟花穗直立向上生长，长5cm的筒状花朵像戴在手指上的套，因此花名就取自拉丁语的"Digitas"（手套）。花朵内侧有吸引昆虫的斑点，给人艳丽的视觉印象。由大轮原种紫花毛地黄诞生了许多园艺品种，对于英国园艺界是不可或缺的存在。毛地黄的切花很有人气，虽然古时候作为药草使用，但整株草本身有剧毒，在其观赏品种的栽培上要格外注意。

　　在欧洲，毛地黄多在森林的边缘地带等暗淡的区域开花，给人一种不吉利的印象。据说还有坏妖精给了狐狸一双魔法的手套等传说，因此毛地黄的英文名叫狐狸手套（Fox Glove）。有趣的是，毛地黄的花都长在花茎的一个方向，而较有人气的新品种边框彩灯毛地黄的花朵则是全方位盛开的。

原产地：欧洲
学名：Digitalis
科名：车前（玄参）科
别名：狐狸的手套
分类：多年生草本（宿根草、二年草）
株高：60～100cm
耐寒性/耐热性：
强·弱

诞生花 5月12日

花语
无法隐藏的热切思念/
热烈的爱情

花色
白/粉/黄/
紫/混合色

	1月	2月	3月	4月	5月	6月	7月	8月	9月	10月	11月	12月
园艺开花期												
盆花流通期												
园艺管理			种植				种植					

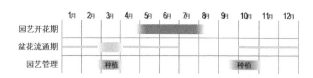

原产地：温带地区
学名：Nymphaea
科名：**睡莲科**
别名：**耐寒性睡莲、温带性睡莲**
分类：**多年生草本（宿根草）、水
生植物**
株高：10~30cm
耐寒性/耐热性：
−10℃・普通

诞生花 8月8日

花语
清纯的心/温柔/信赖

花色
白/红/粉/黄/混合色

热带性睡莲

睡莲

被莫奈喜爱的耐寒性品种
象征埃及的热带花木

印象派画家莫奈在晚年曾画了200多幅睡莲的作品，这大概是由于当时法国园艺家马里亚克的缘故，世界上第一次诞生了大量的睡莲园艺品种。马里亚克培育、莫奈描绘的是分布于温带地区的耐寒性睡莲，它的叶片小巧，色泽柔和，花朵漂浮于水面上，当太阳高照时，花朵又会闭起来，具有白昼开花性。

另一方面，古埃及人在尼罗河畔采撷并向太阳神赫利俄斯供奉的是热带性睡莲，它的叶片庞大，花色充满异国风情，花朵从水面跃然而出。倘若水温在15℃以下，热带性睡莲的生长就会趋于衰败，既有白昼开花性，又有夜晚开花性。在埃及，睡莲是有"尼罗河的妻子"之称的国花。学名Nymphaea取自希腊神话中的"Nymph"（水之妖精），和名睡莲则来源于花朵像睡眠般闭起这一特征。

	1月	2月	3月	4月	5月	6月	7月	8月	9月	10月	11月	12月
园艺开花期												
园艺管理			种植									

原产地：地中海沿岸
学名：Limonium
科名：蓝雪科
别名：花浜匙、补血草
分类：秋季一年生草本
株高：30~60cm
耐寒性/耐热性：
稍弱·普通

诞生花 11月19日

花语
没有断绝的记忆/
我心永不变

花色
白/红/粉/
橙/黄/蓝/紫

星辰花

永不褪色的花
宣誓着"永不变的心"

星辰花在全世界的海岸和沙漠地区生长着约300个同类品种，在日本也能看到其中的蓝雪和浜匙品种。目前市面上的星辰花实际上是原产于地中海沿岸的花浜匙，于昭和时期首次引进日本。看上去像花朵的是其萼片，有粉色、黄色、紫色等多彩的颜色。经过干燥处理后，花也不会褪色，适合制成干花，花语也因这一特性而来。不过星辰花已是旧属名，现在是补血草属了。

紫花补血草
(Fortress)

	1月	2月	3月	4月	5月	6月	7月	8月	9月	10月	11月	12月
园艺开花期												
切花流通期												
园艺管理			种植				种植					

西洋松虫草

原产地：欧洲、亚洲、非洲
学名：Scabiosa
科名：松虫草科
别名：针垫花
分类：多年生草本（宿根草）、秋季一年草
株高：20~90cm
耐寒性/耐热性：
-10℃·弱

诞生花 7月30日

花语
具有风情/坚强

花色
白/蓝/紫/红/粉

蓝盆花

在草原、庭院、餐桌上
各式各样的松虫草

在蓝盆花属的品种中，生长在日本的只有一种叫作松虫草的品种。夏末，独特而又野趣盎然的花朵在草原上成片开放。拥有深红、白色、粉色等色彩、在花朵正中热烈盛开的西洋松虫草，花姿扁平淡蓝色的代表性品种高加索松虫草，这两种是人气较高的切花品种。此外，还有小轮花成群绽放种、矮小种等。适合栽种于庭院的松虫草也是多种多样的。

高加索松虫草
(Caucasus)

	1月	2月	3月	4月	5月	6月	7月	8月	9月	10月	11月	12月	
													园艺开花期
													切花流通期
				种植									园艺管理

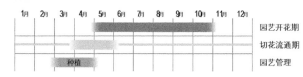

羽毛鸡冠花

鸡冠花

从雄鸡的头冠
为这种自然之花命名

　　纯红的花序使人联想到雄鸡的头冠。种在农家院子里，沐浴在夏日的夕阳下，勾起人们无限的怀旧之情。原产于热带亚洲的鸡冠花，即所谓的头冠系，花序呈球状的久留米系，有羽毛鸡冠花之称的凤尾系，等等，大量的园艺品种相继诞生，为日本的夏季增添色彩。

　　近年来，鸡冠花广泛分布于热带地区，在日本也趋向野生化的野生鸡冠花（艾尔蒂亚）越来越受关注。从粉色到紫红色的穗状花，像蜡烛的火焰一般，自然而可爱。株高约1m的沙朗鸡冠花等品种，作为鲜切花或是干花都较受欢迎。然而跟以往体系有所区别的是，越来越多花店陈列的鸡冠花都以Celosia这一属名流通于市面，Celosia来源于希腊语"Celos"（燃烧、烧焦）。然而，无论是英国、德国还是日本，都习惯称这种花为雄鸡的头冠。

	1月	2月	3月	4月	5月	6月	7月	8月	9月	10月	11月	12月
园艺开花期												
切花流通期												
园艺管理				种植								

原产地: **热带亚洲**
学名: Celosia
科名: 苋科
别名: 鸡头
分类: 春季一年草
株高: 40~200cm
耐寒性/耐热性:
5℃·普通

诞生花 9月8日

花语
不褪色的恋爱/时尚的人

花色
红/粉/橙/黄

95

原产地: 热带美洲
学名: Gomphrena
科名: 苋科
别名: 千日草
分类: 春季一年草
株高: 15~50cm
耐寒性/耐热性:
0℃·普通

诞生花 12月23日

花语
不变的爱情/
不朽的思念

花色
白/红/粉/紫

千日红

制成干花最为合适
不会褪色盛开千日

　　看上去像圆形的可爱的花朵形态实际上是花苞的集合体，经过干燥处理后也很难褪色，因此有了比百日红（满堂红）盛开更久的千日红这个名字。花语"不变的爱情"，也是由于千日红能够盛开很久这一特性吧。

　　在以美洲为中心的地带分布着约100种千日红原种，1714年引进欧洲，江户时代中期引进日本。从基本种球形棕囊藻杂交诞生了株高50cm的高品种与株高30cm的矮品种，可以种于庭院或是作为鲜切花，然而它的干花或是供花更受人们喜爱。黄色和橙色的木花千日红，虽然花的数量不及球形棕囊藻那么多，然而它株高60~70cm的大型花姿，作为鲜切花十分受欢迎。

　　千日红的学名Gomphrena来源于古罗马博物学者普林尼斯为苋菜植物的某一品种所起的名字。

草莓园(Strawberry Field)
（木花千日红）

霓虹灯蔷薇
(Neon Rose)
（千日红）

	1月	2月	3月	4月	5月	6月	7月	8月	9月	10月	11月	12月
园艺开花期												
切花流通期												
园艺管理					种植							

卫星石竹(Telstar)
四季开花

苏佩尔丑八怪(Superbus)（长萼抚子）
夏季开花

原产地：欧洲、亚洲
学名：Dianthus
科名：石竹科
别名：抚子、四季开花抚子
分类：多年生草本（宿根草）
株高：20~80cm
耐寒性/耐热性：
强·强

花语
思慕/勇敢/无畏

花色
红/粉/白/混合色

石竹(Barbatus)（比索抚子）
春季~初夏开花

藜石竹(Arenarius)少女(Litfle Maiden)
初夏~秋季开花

石竹

被喻为宙斯之花
在江户的街上成为一大热潮

　　称呼它为学名 Dianthus 还是和名抚子好呢？这是件令人烦恼的事。在欧洲到亚洲北部、日本的本州中北部以北区域生长的长萼抚子，以及日本固有的信浓抚子等品种中，能够感受到日式风情。另一方面，中国原产的石竹、欧洲原产的比索抚子与日本的长萼抚子杂交，诞生了四季盛开、花品良好的品种群，这些品种群多被称为 Dianthus。

　　Dianthus 这一属名是"植物学鼻祖"泰奥弗拉斯托斯将希腊语"Daios"（神圣的）和"Antos"（花）相结合而取的名字。石竹也被誉为希腊神话最高神宙斯之花，在日本江户时代曾掀起一股热潮。由于石竹有了四季开花型改良种，当时也举办了以"热带"品种群、花瓣细裂下垂的伊势抚子等品种为主的品评会。

	1月	2月	3月	4月	5月	6月	7月	8月	9月	10月	11月	12月
园艺开花期												
切花流通期												
园艺管理				种植					种植			

重瓣开花型

蜀葵
一种神圣之花

　　向着夏日的天空生长到一人高，与木槿花十分相似，直径约6cm的花朵呈穗状盛开。有花色为粉、红底色与白、黄相配的鲜艳品种，近年来也有像照片一样别致、花瓣边缘呈白色的品种，以及重瓣型品种等，多样化蜀葵品种相继登场。

　　花茎笔直地站立生长，因此和名叫"立葵"，英文名也叫"Hollyhock"。"Hock"在盎格鲁撒克逊语中指的是锦葵。学名Althaea来源于古希腊语"Althair"（治疗）。在日本，从古时起就作为药用植物利用，作为药草利用的则是其他属类的薄红葵。在梅雨季节来临时开始盛开，绽放到最盛时正是出梅时候，让盛夏的太阳照耀它。因此，它也是能够丈量季节的标尺。

原产地:	小亚细亚
学名:	Althaea
科名:	锦葵科
别名:	立葵、蜀葵花、花葵、露葵
分类:	多年生草本（宿根草）、二年草、春季一年草、秋季一年草
株高:	90~300cm
耐寒性/耐热性:	-10℃·普通

诞生花 7月8日

花语
毫不修饰的爱/平安/胸怀大志

花色
白/红/粉/黄/紫/橙/黑/混合色

黑蜀葵

1月	2月	3月	4月	5月	6月	7月	8月	9月	10月	11月	12月	
												园艺开花期
												盆花流通期
			种植									园艺管理

原产地:	墨西哥~哥伦比亚
学名:	Dahlia
科名:	菊科
别名:	天竺牡丹
分类:	球根类
株高:	30~150cm

耐寒性/耐热性:
稍弱・弱

诞生花 8月17日

花语
充满品格/极致的荣华

花色
红/粉/橙/黄/
白/紫/黑/混合色

大丽花

Dahlia

花姿丰富变化
高雅而多彩

　　装饰型、仙人掌型、绒球型、双重开花型……无论哪种都是大丽花的形态。从墨西哥到哥伦比亚分布着约20个大丽花属品种，在18世纪首次引进西班牙以后，经历了漫长的岁月和不断的品种改良，最终形成了这些姿态。装饰型指的是大片的花瓣千万层重叠在一起；仙人掌型指的是呈纵向纤细卷起的花瓣；绒球型指的是管状花瓣聚集在一起形成直径5cm的球状花；双重开花型指的是花瓣下面长着副花瓣的类型。大丽花的花色丰富多彩，能够与蔷薇、郁金香匹敌。开花方式变化多端的大轮花极为高雅，是人气很高的切花品种。

淑女大丽花(Lady Pahlia)
株高: 30~40cm
小轮、花色丰富

阿尔派珍珠(Alben Pearl)

	1月	2月	3月	4月	5月	6月	7月	8月	9月	10月	11月	12月
园艺开花期												
切花流通期												
园艺管理				种植								

珊瑚铃

花期过后即使冬日来临
也有叶片可欣赏

深红色如珊瑚，壶状的萼片似成串的花朵，因此起名叫"壶珊瑚"。花色有粉、白、绿等，也可作为切花。在园艺上称其为"矾根"。在北美生长着约50个同类品种，园艺种色彩丰富，有紫红色、黄色、酸橙色等，是一种非常宝贵的多彩叶片植物。不论是装饰花坛还是作为胸花都十分适宜。

原产地：北美南部
学名：Heuchera
科名：虎耳草科
别名：壶珊瑚、矾根
分类：多年生草本（宿根草）
株高：30~60cm
耐寒性/耐热性：
强·弱

花语
闪耀的爱恋/
细腻地思念你

花色
红/桃/白/绿

	1月	2月	3月	4月	5月	6月	7月	8月	9月	10月	11月	12月
园艺开花期												
盆花流通期												
园艺管理			种植				种植					

山牵牛

花语是"黑色的瞳孔"
花芯的颜色引人注目

山牵牛属花卉在热带非洲和热带亚洲分布着约100个品种。矢筈葛（alata）于1879年引进日本，具有能生长到1~2m的蔓性。黄色的花瓣不论何处都很明亮显眼，中心部分呈美丽的黑紫色，与之形成强烈对比，因此有了"黑色瞳孔"的花语。在同类品种中，花朵为紫色的木立矢筈葛（erecta）则是灌木植物，也是受人青睐的盆栽植物。

原产地：热带非洲
学名：Thunbergia
科名：爵床科
别名：矢筈葛
分类：春季一年草
株高：100~150cm（蔓伸长）
耐寒性/耐热性：7℃·普通

花语
美丽的眼眸/黑色的瞳孔

花色
黄/橙

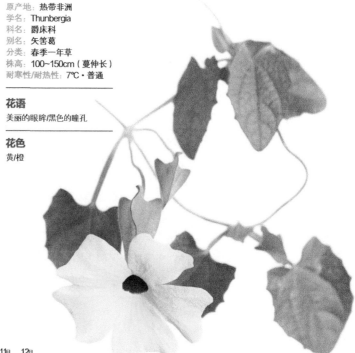

	1月	2月	3月	4月	5月	6月	7月	8月	9月	10月	11月	12月	
													园艺开花期
					种植								园艺管理

蜡菊

干燥而闪亮
质感与光泽并存的珍贵

原产地:	澳大利亚
学名:	Helichrysum
科名:	菊科
别名:	帝王贝细工、麦秆菊、秸秆花
分类:	春季一年草
株高:	30~100cm
耐寒性/耐热性:	0℃·普通

花语
永久记忆/回忆/献身

花色
白/红/粉/橙/黄

　　和名为麦藁菊，英文名为Strawflower，然而，不论哪种名称都是由于花朵具有干燥的特征。看上去像花瓣的是苞，有粉红、深红、白、黄等颜色，多彩缤纷。学名Helichrysum来源于希腊语"Helios"（太阳）和"Chrysus"（黄金）的结合。被美丽多彩的苞所包围，中心部分闪耀的黄色筒状花聚集在一起，形成头状的花序。无论何时都能欣赏到它的花色与光泽，作为干花是极具代表性的品种之一。

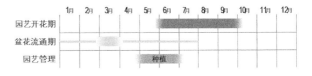

	1月	2月	3月	4月	5月	6月	7月	8月	9月	10月	11月	12月
园艺开花期												
盆花流通期												
园艺管理					种植							

翠雀花

花蕾形状似跳跃的海豚
花朵姿态似飞舞的燕子

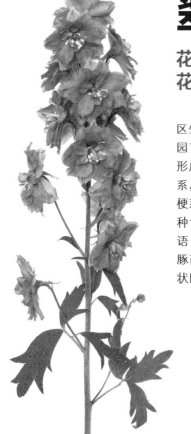

原产地:	热带非洲、北半球温带
学名:	Delphinium
科名:	毛茛科
别名:	大飞燕草
分类:	多年生草本（宿根草）、一年草
株高:	20~150cm
耐寒性/耐热性:	−10℃·弱

诞生花 4月14日

花语
清朗

花色
白/蓝/紫/粉/混合色

　　从热带非洲山岳地带到北半球温带地区生长着约200种翠雀花品种，人工培育的园艺品种则超过了400种。密集开满花朵形成纤长花穗的是具有视觉冲击力的穗花系，纤细花茎上零星开着点点花朵的是桔梗系，介于二者之间的则是贝拉唐娜系，品种十分多样。学名Delphinium的语源是希腊语"Delphis"（海豚），因为它的花蕾形似海豚而得名。和名大飞燕草则是将花朵的形状比喻为燕子。

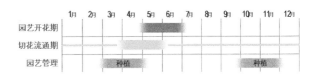

	1月	2月	3月	4月	5月	6月	7月	8月	9月	10月	11月	12月
园艺开花期												
切花流通期												
园艺管理			种植							种植		

受难果(Passion Fruit)
（紫果西番莲）(Edulis)

西番莲(Caerulea)

西番莲

时钟的针
能够激发人们想象力的花姿

　　在日本，人们认为全开的西番莲看上去像时钟的字母盘和长短的时针，因此赋予和名时针草。不论哪个名称，都说明了西番莲拥有能够激发人们想象力的独特花姿。

　　西番莲有约500个原生种，是强健而生命力旺盛的蔓性植物，作为观赏用植物在全世界都深受喜爱。除此之外，受难果（紫果西番莲）也作为水果被栽培起来。同时，野生西番莲有中草药成分，人们一般将它的地面部分干燥处理后制成药草后泡茶服用。不论哪种西番莲的花都会在一天内凋谢，然而凋谢后还会相继盛开。因此，人们能够在较长时间内欣赏到它的花朵。近年来，它作为"绿之幕布"也大受欢迎。

原产地: 南美
学名: Passiflora
科名: 西番莲科
别名: 时计草、受难花
分类: 多年生草本（宿根草）
株高: 300~500cm（蔓性伸长）
耐寒性/耐热性:
0℃・普通

诞生花 7月21日

花语
隐藏的热情/
神圣的爱情

花色
白/混合色

桃色西番莲 (Nefreudes)

白花西番莲
(Constans Elliott)

玛格丽特小姐
(Larry Marguerite)
（红花西番莲）

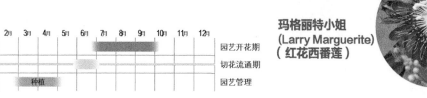

	1月	2月	3月	4月	5月	6月	7月	8月	9月	10月	11月	12月	
													园艺开花期
													切花流通期
			种植										园艺管理

原产地: 南非
学名: Kniphofia
科名: 白鹤（百合）科
别名: 赤熊百合、火炬莲
分类: 多年生草本（宿根草）
株高: 40~120cm
耐寒性/耐热性:
−5℃・强

花语
与你在一起很开心/
真切的愿望

花色
黄/橙

火炬花

不断绽放的花穗底部变为黄色
仿佛燃烧的火炬

　　从初夏直到秋季，多根花茎前端茂密生长着色彩鲜艳的小花，吸引人们的目光。向下盛开的筒状花穗，逐渐从红色变成了黄色，或是从橙色变为黄色，使得整株花穗的样子仿佛燃烧的火炬（火把），因此英文名取为 Torch Lily。火炬花原产于南非，是广为人知的花茎高达1m的大型品种，然而近年来也栽培出了小型的园艺品种。Tritoma 已是它的旧属名了，现在则分类到 Kniphofia（火把莲）属了。

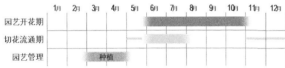

	1月	2月	3月	4月	5月	6月	7月	8月	9月	10月	11月	12月
园艺开花期												
切花流通期												
园艺管理			种植									

蝴蝶草

清爽的样貌在盛夏次第开放

　　蝴蝶草原产于热带亚洲和非洲，因此耐热性较强，在夏季仍能持续开放，在背阴处也能茁壮生长。最广为人知的基本品种蓝翅蝴蝶草的花瓣呈淡紫与深紫色，上面带有黄色的斑点。此外，还有花瓣呈红色与粉红的品种，花朵为黄色的则是别种黄花蝴蝶草。另外，也有植株较低矮、匍匐生长的蝴蝶草品种。顺带一提，前端的雌蕊分成两条，一触碰它，花瓣就会闭起来，感知十分敏锐，因此也有了"闪烁"的花语。

原产地: 热带亚洲、非洲
学名: Torenia
科名: 兰花（玄参）科
别名: 夏堇、花瓜草
分类: 春季一年生草本
株高: 20~30cm
耐寒性/耐热性:
10℃・强

诞生花 8月22日

花语
魅力十足的你/
闪烁

花色
蓝/紫/白/粉/混合色

	1月	2月	3月	4月	5月	6月	7月	8月	9月	10月	11月	12月
园艺开花期												
盆花流通期												
园艺管理						种植						

土耳其桔梗（洋桔梗）

原产地: 北美
学名: Eustoma
科名: 龙胆科
别名: 洋桔梗、草原龙胆
分类: 春季一年生草本
株高: 30～90cm
耐寒性/耐热性:
10℃·普通

诞生花 5月29日

花语
新娘的感伤

花色
白/粉/黄/绿/
紫/蓝/茶/混合色

原本是日本的品种
却在世界掀起热潮
成为冠婚葬祭上
不可或缺的存在

　　洋桔梗在以美国得克萨斯州为中心分布着2个品种，19世纪引进英国。最初人们给它起的学名是Lisianthus，之后更名为Eustoma，是希腊语"Eu"（好）"Stoma"（口）的意思。洋桔梗于昭和时代引进日本，昭和40年以后进行了品种改良，现在世界上种植的土耳其桔梗基本上都是日本的品种。洋桔梗切花全年上市，不论东西方都喜欢将它用于冠婚葬祭等场合。

	1月	2月	3月	4月	5月	6月	7月	8月	9月	10月	11月	12月
园艺开花期												
切花流通期												
园艺管理			种植									

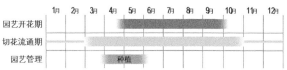

烟草

从新大陆向世界普及
弥漫着甘甜的花香

原产地: 巴西、阿根廷
学名: Nicotiana
科名: 茄科
别名: 花烟草
分类: 春季一年生草本
株高: 30～100cm
耐寒性/耐热性: 弱·强

诞生花 7月12日

花语
喜好孤独/隐秘的倾慕

花色
白/红/紫/粉/绿/混合色

　　Nicotiana的和名是烟草，无论观赏型还是吸烟型都是同样的品种。据说在发现新大陆之前，原住民就已有吸烟的习惯。到了16世纪，烟草被西班牙人从美洲传入欧洲，17世纪初首次引进日本，并且到了19世纪末开始实行专卖制度，同时禁止了观赏型花烟草（Sanderae）的栽培。目前，花色多彩丰富的花烟草园艺品种上市流通，在夏季的黄昏时分直到夜晚都散发着甘甜的芳香。

	1月	2月	3月	4月	5月	6月	7月	8月	9月	10月	11月	12月	
													园艺开花期
				种植									园艺管理

原产地：中国
学名：Campsis grandiflora
科名：紫葳科
别名：凌霄
分类：蔓性木本
树高：300～900cm（蔓伸长）
耐寒性/耐热性：
－4℃·普通

诞生花 8月31日

花语
华丽的人生/光辉闪耀的女性

花色
橙

凌霄花

沐浴在夏日的阳光下
伸长的藤蔓枝条上开出花

　　凌霄花藤蔓的长度可达9m，缠绕在树木上，喇叭状的花朵不留间隙地盛开，橙色的花朵沐浴在夏日阳光下十分美丽，是人气较高的一种花木。虽说原产于中国，然而早在日本平安时代918年，在本草书《本草和名》中就已记载了凌霄花的古名"乃宇世宇"。从古时候起，凌霄花就被种植在寺庙神社等地方。

　　凌霄花不喜寒，然而在日本东北以南地区种植的品种能够耐过严冬。从春天起，生长出来的藤蔓上会开出花来，因此，在2月落叶期，要进行剪枝修整。藤蔓前端的花蕾在藤蔓下垂时才会开放，请多加注意。花朵以及树皮可用作药材使用。凌霄花富含花蜜，经常引来不少绣眼鸟和蜜蜂，连蜂鸟也会被吸引来，因此被称为鸟媒花。

　　此外，与美国凌霄花杂交诞生的 Madam galeu，花朵细长，花色浓郁，品质更强健。同时，其他品种例如姬凌霄花和粉凌霄花也能在市面上看到。

凌霄花

姬凌霄花
紫葳科　硬骨凌霄属　黄、橙

粉凌霄花
紫葳科　非洲凌霄属

	1月	2月	3月	4月	5月	6月	7月	8月	9月	10月	11月	12月
园艺开花期												
园艺管理			种植									

原产地：马达加斯加
学名：Catharanthus
科名：夹竹桃科
别名：长春花
分类：常绿灌木（春季一年
生草本）
树高：30~60cm
耐寒性/耐热性：弱·强

诞生花 7月16日

花语
年轻的友情/快乐的回忆

花色
白/红/粉/
紫/黑/混合色

**晚会
(Soiree)**
重瓣型

圣维纳斯(Sun Venus)
下垂型

童话之星(Fairy Star)
小轮型

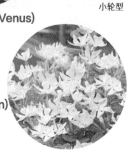

**奶白皇冠
(Milk Gown)**
王冠型

日日草

花期从初夏直到晚秋
轻易采摘毫不费工夫

　　饱满绽放的五瓣花，在富有光泽的叶片衬托下，耀眼而醒目。它具有顽强的繁殖力，即使在炎热酷暑中也能肆意开花。花期结束后，花朵自然而然掉落，不需要采摘花枝，这种特性也为它带来了不少人气。它是马达加斯加等热带地区原产的小型灌木，在日本则是一种一年生草本。然而，即使它有再强的耐热性，在闷热潮湿的环境中也较难生存，因此不宜多浇水。

　　学名Catharanthus来源于希腊语"Catharos"（纯粹的）和"Anthus"（花）。在日本，它被叫作日日草，因为它能够从初夏到晚秋每天持续绽放。曾经，它与长春蔓同为长春属的植物，现在二者已被区分开来了。近年来，小轮型品种或是花瓣褶皱型品种等多样化园艺品种相继出现，人气骤增。

	1月	2月	3月	4月	5月	6月	7月	8月	9月	10月	11月	12月
园艺开花期												
盆花流通期												
园艺管理					种植							

锯草

野生化品种遍布世界各地
不论药草还是干花都备受喜爱

它的原种Alpina在日本也被叫作羽衣草，生长在中部以北的山地区域。然而常被人们种植于庭院或花盆里的西洋锯草（西洋蓍草）则是明治时代引进日本的，并且在全国各地野生化分布。锯草能作为药草——小纹草被人们利用，除此之外，还能分解生活垃圾，也是一种常见的配草。它的园艺品种花色多彩丰富，不论是鲜切花还是干花形式，都广受人们喜爱。

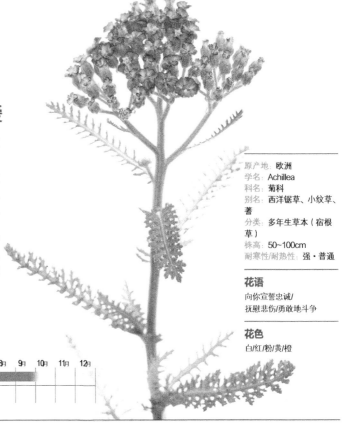

原产地：	欧洲
学名：	Achillea
科名：	菊科
别名：	西洋锯草、小纹草、蓍
分类：	多年生草本（宿根草）
株高：	50~100cm
耐寒性/耐热性：	强・普通

花语
向你宣誓忠诚/
抚慰悲伤/勇敢地斗争

花色
白/红/粉/黄/橙

	1月	2月	3月	4月	5月	6月	7月	8月	9月	10月	11月	12月
园艺开花期												
盆花流通期												

原产地：	东亚（含日本）
学名：	Lespedeza
科名：	豆科
别名：	（萩）、鹿鸣草、宫城野萩
分类：	落叶灌木
树高：	100~200cm
耐寒性/耐热性：	-10℃・普通

诞生花 9月6日

花语
内敛的爱情/
深思熟虑

花色
白/紫

胡枝子

日本《万叶集》中被歌咏最多次
伴随人们生活的点点滴滴

胡枝子被山上忆良誉为秋日七草之首，也是《万叶集》中被歌咏最多次的花木。其中较有代表性的品种是宫城野萩，它呈弓形下垂的枝头开着宛如蝴蝶般的小花。人们在月圆之夜将它与芒草一同挂起供奉，将它的细枝编成笼子，将它作为秋草模样绘制于莳绘等美术工艺品上……总而言之，从古至今胡枝子都伴随着人们日常生活的点点滴滴。此外，山萩以及锦萩等品种一般也统称为萩。

	1月	2月	3月	4月	5月	6月	7月	8月	9月	10月	11月	12月
园艺开花期												
园艺管理	种植										种植	

美女樱
（一年生草本）

原产地：美洲大陆、欧洲、亚洲	
学名：Verbena	
科名：马鞭草科	
别名：熊葛草	
分类：一年生草本、多年生草本（宿根草）	
株高：20~150cm	
耐寒性/耐热性：弱·一年生草本较弱、宿根草较强	

诞生花 5月24日

花语
家族和睦、富有魅力

花色
白/红/粉/
橙/紫/混合色

马鞭草

古时被用作祭典装饰
现在则是一种垂吊花卉

在以美洲大陆为中心直至欧洲、亚洲等地区，分布着约250种马鞭草，在日本也生长着名叫熊葛草（龙须草）的品种。由于马鞭草具有匍匐性质，非常适合用作地表植物或是垂吊植物，由小型到株高1m的不同植株，姿态丰富多彩，然而它们的共性都是由五瓣小花聚集在一块儿绽放。它的小花形似樱花，因此也被人们叫作美女樱。

马鞭草耐寒性较弱，过去一直在一年生草本的行列。近年来，出现了Tapien以及花手毯等营养系多年生品种，并引人注目。此外，诸如宿根草三尺马鞭草（Bonariensis）之类的高品种，则是有人气的庭院装饰植物。日本产的熊葛草也被当作马鞭草为人们所利用，是很好的药材。在欧洲，它是一种药草。在古罗马，它则是祭典上象征神圣意义的花。

花手毯
（宿根马鞭草）

	1月	2月	3月	4月	5月	6月	7月	8月	9月	10月	11月	12月
园艺开花期												
盆花流通期												
园艺管理			种植							种植		

Tapien（宿根马鞭草）

木槿花

热带花卉
只在当天盛开的一日花

木槿花是一种花柱纤长突显、花色艳丽鲜明的大轮花，也是原产于印度洋与太平洋诸岛的热带花卉。在冲绳，也有叫作扶桑花、琉球木槿等的同类品种存在，然而究竟是原种还是杂交品种就不得而知了。1814年，岛津藩将木槿花献给江户幕府，然而在那个还没有温室的时代，木槿花无法很好地栽培起来。也就是说，并不是所有木槿花品种都有较强的耐热性。

木槿花的园艺品种大致可分为三大体系：一种是花色丰富多彩的大轮夏威夷系（新品种），当气温超过30℃时，花的状态就会趋于萎靡不振；另一种是花色不多、花形娇小却很结实有力的在来系（旧品种），据说它的耐热性与耐寒性都比较强；还有一种是花朵下垂的珊瑚系，它的耐热性强，耐寒性较弱。此外，作为盆栽种植的大轮品种大多都经过矮化剂的处理，而种植在地面上又能生长到3m之高，这也是值得关注的地方。

夏威夷系 (Hawailan)

朱诺 (Juno)

阿多尼斯 (Adonis)

火山木槿 (Volcano)

赤花木槿 (Allion)

阿缇娜 (Athinai)

北风之蓝 (Boreas Blue)

月光女神 (La Luna)

新阿波罗 (New Apollo)

原产地：夏威夷列岛、毛里求斯岛
学名：Hibiscus
别名：锦葵科
别名：扶桑花
分类：常绿灌木（热带花木）
树高：20~200cm
耐寒性/耐热性：
10℃·普通

诞生花 7月25日

花语
时常换新的美/勇敢的心

花色
白/红/粉/橙/
黄/蓝/紫/茶/混合色

1月	2月	3月	4月	5月	6月	7月	8月	9月	10月	11月	12月	
												园艺开花期
												盆花流通期
			种植				种植					园艺管理

向日葵

来自新大陆的馈赠
印加帝国太阳神的象征

作为印加帝国太阳神的象征，向日葵花形也被刻在了神殿的浮雕上。自从哥伦布发现新大陆以来，向日葵、美人蕉、紫茉莉、烟草、金盏花等植物就早早地流传进来。十七八世纪，弗兰德派系的画家们开始创作出越来越多的向日葵画作。江户时代，向日葵由中国传入日本，伊藤若冲、酒井抱一等画家也开始绘画它。向日葵的学名 Helianthus 源于希腊语中的"Hēlios"（太阳）和"Antos"（花），顾名思义，这是它在炎炎夏日向着太阳绽放的花朵。

公主向日葵

别属宿根草

原产地: 北美
学名: Helianthus
科名: 菊科
别名: 日轮草、太阳
花、向阳花
分类: 春季一年生草本
株高: 30~300cm
耐寒性/耐热性:
弱·强

诞生花 7月6日

花语
你是我的憧憬/
敬慕之思

花色
橙/黄/
茶/混合色

微笑向日葵(Good Smile)

株高30cm的矮型品种

宿根向日葵
(Lemon Queen)

	1月	2月	3月	4月	5月	6月	7月	8月	9月	10月	11月	12月
园艺开花期												
切花流通期												
园艺管理					种植							

原产地: 中南美
学名: Bougainvillea
科名: 紫茉莉科
别名: 筏葛、三角梅
分类: 落叶蔓性木本
树高: 300~500cm（蔓伸长）
耐寒性/耐热性:
5℃·强

诞生花 8月9日

花语
激情/隐藏的思念/
令人陶醉的魅力

花色
白/红/粉/
橙/黄/混合色

光叶子花

在全球气候变暖的影响下
作为庭院植物
它成为可供人观赏的热带花木

在中南美热带雨林，约有14种光叶子花自然生长。明亮的花色，使它成为华丽的人气热带花木。质感如薄剪纸、形状似花朵的是由它的叶片变化而来的苞，苞里盛开着3朵喇叭状的小花。1768年，作为第一个实现环绕世界航行一周的法国人，Louis Antoine de Bougainville 来到巴西。与他同行的一名植物学家发现了这种花，并以 Bougainville 的名字命名了它。

光叶子花株高 3~5m，是蔓性植物，它伸长的藤蔓带刺。温室栽培可一年四季开花，在不结霜的地区能够在户外生长并度过冬天。近年来，随着全球气候变暖，越来越多的地区能够将光叶子花作为庭院植物来欣赏。花期过后将花朵剪下，施加肥料，待新的枝蔓生长到10cm以上时，等土壤稍许干燥后，又能开出花来。若是经常浇水施肥，反倒很难开花，这点需要多加注意。据说在印度的阿育吠陀地区，光叶子花叶片中含有的成分，对治疗糖尿病很有效。

芭提阿娜系品种 (Buttiana)

	1月	2月	3月	4月	5月	6月	7月	8月	9月	10月	11月	12月
园艺开花期												
盆花流通期												
园艺管理				种植								

白花丹

**一直绽放到霜降时分
如天空色的幕布**

原产地：南非
学名：Plumbago
科名：白花丹科
别名：琉璃茉莉
分类：落叶蔓性木本
树高：200~300cm
（蔓伸长）
耐寒性/耐热性：
稍弱・强

诞生花 10月23日

花语
发自内心的同情/
永远开朗

花色
白/蓝

也许是和名"琉璃茉莉"太深入人心了，在烈日炎炎的夏天，清爽的天蓝色小花茂密地开在一起，半蔓性的枝条旺盛地生长，不仅成为绿色的幕布，更是天空色的幕布。树高2～3m，是原产于南非的热带花木，然而也有较强的耐寒性，从初夏直到霜降，都能看到它美丽的花姿。学名Plumbago来源于拉丁语"Plumbam"（铅），是指它的成分对治疗铅中毒有效。

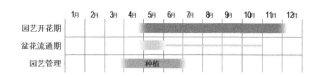

	1月	2月	3月	4月	5月	6月	7月	8月	9月	10月	11月	12月
园艺开花期												
盆花流通期												
园艺管理				种植								

宿根福禄考

**在夏日的庭院里挺拔夺目
是华丽美艳的花魁草**

原产地：北美
学名：Phlox
科名：花葱科
别名：花魁草、草夹竹桃
分类：多年生草本（宿根草）
株高：60~120cm
耐寒性/耐热性：强・强

花语
协调/意见一致/
接受你的希望

花色
白/红/粉/
蓝/紫

高60～120cm的花茎前端如金字塔一般密集盛开着小花，被称为花魁草（Paniculatum），然而它拥有名副其实的华丽。园艺品种丰富多彩，有斑点叶片品种，也有双色品种等。福禄考在以北美为中心的地区生长着约60个品种，但是说起宿根福禄考，最具代表性的就是花魁草了。同时，比它稍小型、花穗细长的斑纹福禄考品种也被人们所栽培。同类品种中还有春季开花的芝樱。

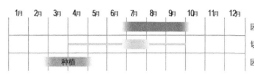

	1月	2月	3月	4月	5月	6月	7月	8月	9月	10月	11月	12月	
													园艺开花期
													切花流通期
			种植										园艺管理

萱草

虽然花的寿命只有一天
但能够依次开花热闹非凡

原产地：东亚
学名：Hemerocallis
科名：萱草（百合）科
别名：日百合
分类：多年生草本（宿根草）
株高：30～100cm
耐寒性/耐热性：
−10℃・普通

诞生花 7月9日

花语
不得要领的空想/
从苦难中解脱

花色
白/红/粉/
橙/黄/混合色

萱草属花卉的和名是黄萱，有日光黄萱、野萱草、夕萱等生长在各地的自然品种，从古至今备受人们喜爱。不论哪个品种，都是在细长线状的叶片之间长出高为30～100cm的花茎，上面开出像百合的花朵。然而，学名叫作Hemerocallis的其实是指东亚原产种、在欧美经过品种改良后的园艺种。萱草花是只开一日的花，但能够依次开花，将夏日的庭院装点得热闹非凡。

	1月	2月	3月	4月	5月	6月	7月	8月	9月	10月	11月	12月
园艺开花期						■	■	■				
园艺管理									种植			

原产地：非洲东部
学名：Pentas
科名：茜草科
别名：草山丹花
分类：多年生草本（一年草）
株高：30～100cm
耐寒性/耐热性：
弱・强

诞生花 11月5日

花语
实现希望/
博爱的精神

花色
白/红/粉/紫

五星花

星形的花朵
点点盛开
是夏日花园中
强有力的外援

浓绿色的叶片上，如满天星斗般开着小小的星形花。起Pentas（五星花）这个名字是因为五片花瓣形成了星形，从希腊语"Pente"（5）得来。五星花属在非洲等地自然生长着30~50个品种，其中，从草山丹花（Lanceolata）原种中诞生了花瓣呈白色边缘的园艺品种等，常用于装饰夏季庭院和花箱，是逐年炎热的夏季中备受人们关注的花。

夏日之星(Summer Star)

	1月	2月	3月	4月	5月	6月	7月	8月	9月	10月	11月	12月
园艺开花期				■	■	■	■	■	■	■	■	
盆花流通期												
园艺管理				种植								

四季秋海棠
(Semperflorens)

原产地: **南美**
学名: **Begonia**
科名: **秋海棠科**
分类: **多年生草本（一年草）**
株高: **10~40cm**
耐寒性/耐热性:
弱·普通

诞生花 10月6日

花语
你很亲切/
单恋/爱的告白

花色
红/粉/白

秋海棠

类型丰富多彩
不论哪种都十分华美

　　最受人喜爱的是四季秋海棠，也叫四季开花秋海棠，能够从春季到秋季，在花坛或是花箱里长久地持续开放。

　　秋海棠属花卉在全世界的热带到亚热带地区（澳大利亚除外）分布着约2000个品种，它们形态各异：有花茎笔直向上生长的"木立性秋海棠"，有根茎像秋葵似的在地面匍匐生长的"根茎性秋海棠"，还有叶片带着银色金属质地的雷克斯秋海棠等。"球根性秋海棠"中，以园艺品种居多，有直立生长的站立型和下垂的垂枝型，"玻利维亚秋海棠"就是垂枝型秋海棠的杂交品种之一。

　　花期从秋季到冬季的"丽格海棠"花色多样，是由球根秋海棠杂交诞生的园艺品种，它的盆花形式几乎全年都能够买到。

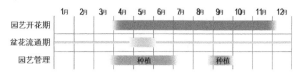

	1月	2月	3月	4月	5月	6月	7月	8月	9月	10月	11月	12月
园艺开花期												
盆花流通期												
园艺管理				种植				种植				

丽格海棠 (Sunny-Side Up)

丽格海棠 (Barcos Collection)

丽格海棠 (Ilona)

球根性秋海棠 (Beauvilia)

球根性秋海棠 (Waterfall)

雷克斯秋海棠 (Belief)

115

原产地: 南美
学名: Petunia
科名: 茄科
别名: 撞羽根朝颜
分类: 春季一年生草本、多年生草本（一年草）
株高: 20~30cm
耐寒性/耐热性: 0℃·普通

诞生花 8月16日

花语
有你在很安心/
内心的清静平和

花色
红/粉/蓝/紫/
白/黄/黑/混合色

矮牵牛

激烈的育种竞争后
最终诞生了迷人的新品种

　　尽管到了盛夏，开花有所减少，但矮牵牛仍能从春季到晚秋持续开花。花色多彩丰富，还有星形、黑色系等颇具个性的品种诞生。可种在花坛、花箱或是吊篮上欣赏，是极具人气的花。

　　矮牵牛在南美地区生长着约35个品种。1767年，在乌拉圭发现了白花矮牵牛，随后传入欧洲。1831年，将它与来自巴西的紫红色矮牵牛杂交，诞生了许多目前的园艺品种。日本率先培育了播种后全为重瓣矮牵牛的品种，从种子开始培育的撒种系，到1985年通过插芽繁殖的营养系萨菲尼亚等，在育种方面取得了举世瞩目的成就。当前，品种改良仍然在激烈的竞争中不断进展，也不断出现令人期待的新品种。此外，近亲品种"小花矮牵牛"以极小花轮、极多花性、黄色内芯为特征，但它常以"矮牵牛"这个名字出现在市面上。同时，它与矮牵牛的杂交培育工作也在进行中。

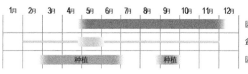

	1月	2月	3月	4月	5月	6月	7月	8月	9月	10月	11月	12月	
													园艺开花期
													盆花流通期
			种植					种植					园艺管理

蔓越莓松露
(Cranberry Truffle)

波浪蓝
(Wave Blue)

EZ波浪 珊瑚红
(Ez Wave Coral Reef)

冲击波 黄花
(Shouk Wave Yellow)

潮汐 玫红
(Tidal Wave Hot Pink)

比比尼 白色双贝恩
(Vivinie White Double Bane)

索菲迪加 复古粉
(Sophistica Autique Shade)

索菲迪加 双色莱姆
(Sophistica Lme Bi-color)

五星集 蓝星粉尘
(Collcetion Blue
Star Dust)

双重 夏
(Duo Summer)

双重 淡紫
(Dwo Lavender)

双重 玫红与奶白
(Duo Rose and White)

低矮 白花
(Raw Ricler White)

梦幻 花边香石竹
(Dream Recl Biscotti)

地平线 黄花
(Horizon Yellow)

地毯 天空蓝
(Carpet Sky Blue)

117

原产地:	秘鲁
学名:	Heliotropium
科名:	紫草科
别名:	木立琉璃草、香水草、香紫草
分类:	常绿灌木
树高:	50~200cm
耐寒性/耐热性	5℃·普通

诞生花 10月1日

花语
让爱永恒/
奉献的爱情

花色
紫/白

天芥菜

聚集了芳香四溢的小花
想将它做成百日香

木立琉璃草属在全世界热带到温带地区分布着约250个品种，其中具有代表性的是和名为木立琉璃草的品种。在气温17~18℃，湿度较高的时候，它会散发出香草似的芳香，从古时起就作为可提取香料的药草使用。园艺型上市的品种是株高40~50cm的洋种木立琉璃草（大天芥菜），虽然几乎没有什么香气，但它深紫的小花成群开放的样子十分美丽。然而，不论哪个品种，若是水分不足，叶片都会枯萎发黑，因此要格外注意不让其干燥。

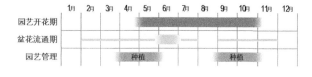

	1月	2月	3月	4月	5月	6月	7月	8月	9月	10月	11月	12月
园艺开花期												
盆花流通期												
园艺管理				种植					种植			

原产地:	南美
学名:	Portulaca
科名:	马齿苋科
别名:	五行草
分类:	多年生草本（一年草、匍匐性）
株高:	10~20cm
耐寒性/耐热性	12℃·强

诞生花 9月29日

花语
天真无邪/热爱自然的心

花色
白/红/粉/
橙/黄/紫/混合色

马齿苋

较强的耐热性和耐旱性
像地毯似的生长

多肉质的茎叶像地毯一样扩展生长，直径约3cm的花朵依次开放。浓郁的粉色、黄色、白色的花朵尽情而肆意地绽放，丝毫不顾夏日的炎热与干燥，常被人们用作地表花卉或是种在吊篮观赏。原种马齿苋花瓣在午后会闭起，然而1978年培育出了能够整日开花的品种。与同属的细叶型半支莲相比，圆形叶片的五行草常作为马齿苋上市，此外还有叶片带有斑点的园艺品种。

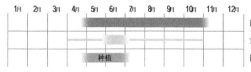

	1月	2月	3月	4月	5月	6月	7月	8月	9月	10月	11月	12月	
													园艺开花期
													盆花流通期
				种植									园艺管理

原产地: 地中海沿岸
学名: Borago
科名: 紫草科
别名: 琉璃莴苣、玻璃苣
分类: 秋季一年生草本
耐寒性/耐热性:
−15℃·普通

花语
勇往直前/
忘掉忧愁

花色
蓝/白/粉

琉璃苣

星形的花朵赋予人们勇气
也是蛋糕上的装饰

　　整株草被白色的绒毛覆盖，星形的蓝色花朵垂下开放。琉璃苣生长在地中海沿岸，是广受人们喜爱的药用植株。古时候，人们认为它是能够赋予勇气的药草，同时，它药用价值。琉璃苣的嫩叶味如黄瓜，是沙拉的食料之一，花朵可以制成腌食糖。因此，它也是一种食用花卉。

	1月	2月	3月	4月	5月	6月	7月	8月	9月	10月	11月	12月
园艺开花期												
园艺管理			种植						种植			

原产地: 美国中部~
阿根廷
学名: Mandevilla
科名: 夹竹桃科
别名: 文藤
分类: 蔓性木本
树高: 30~300cm
（蔓伸长）
耐寒性/耐热性:
弱·强

花语
牢固缔结的友情/
危险的恋爱

花色
红/粉/白

飘香藤

烈日炎炎中持续绽放
充满南国风情的花

　　具有光泽的叶片与红色、粉色、白色的花朵交相辉映，充满南国的风情。藤蔓伸长，花朵持续绽放到晚秋。飘香藤是生长在中南美地区的热带花卉，19世纪从阿根廷引进英国，并以当时送来花朵的英国大使Mandevil的名字为该花命名，而它原先的名字Dipladenia也依然留存着。近年来，随着日本不断推进品种改良工作，市面上出现了耐寒性较强的盆栽飘香藤品种。

	1月	2月	3月	4月	5月	6月	7月	8月	9月	10月	11月	12月
园艺开花期												
盆花流通期												
园艺管理			种植									

法国万寿菊

法国万寿菊(French Marigold)

万寿菊

装饰了"祭奠逝者之日"
也是一种很好的搭配植物

　　明亮耀眼的黄色、橙色花朵能够长时间持续绽放，因此，万寿菊成为了花坛里必种的植物。目前市面上流通的主要为以下三种：植株高挑、花朵盛大的非洲万寿菊（Erecta），分枝多、植株低矮的法国万寿菊（Patsla），以及比法国万寿菊更紧凑小型的墨西哥万寿菊（Tenuifolia）。然而，它们的原产地都是墨西哥，之后就根据传播的地域来命名了。同时，万寿菊也是16世纪中期从新大陆传入欧洲的植物之一。17世纪，日本的《花坛地锦抄》一书，将万寿菊作为"红黄草"来记载介绍。

　　万寿菊除了用作观赏型花卉之外，还能对线虫等害虫起到较好的抑制作用，因此常常跟蔬菜一同种植在菜园中。此外，在原产地墨西哥，每逢"逝者之日"（相当于日本的盂兰盆节），人们会在祭坛种上大量的万寿菊。

法国万寿菊 条纹
(French Marigold Strive)

墨西哥万寿菊
(Mexican Marigold)

非洲万寿菊 香草
(African Marigold Vanilla)

原产地：**墨西哥**
学名：Tagetes
科名：菊科
别名：**孔雀草、千寿菊**
分类：**春季一年生草本**
株高：**15~100cm**
耐寒性/耐热性：
弱・普通

花语
生命的光芒/
嫉妒之心

花色
黄/橙/
白/红/多色

	1月	2月	3月	4月	5月	6月	7月	8月	9月	10月	11月	12月
园艺开花期												
切花流通期												
园艺管理				种植					种植			

120

美国薄荷

花朵似燃烧的火焰
茎叶是芳香的药草

原产地:	北美
学名:	Monarda
科名:	唇形科
别名:	松明花、佛手柑
分类:	多年生草本（宿根草）
株高:	60~100cm
耐寒性/耐热性:	强·强

诞生花 7月10日

花语
柔软的心灵/丰富的感受

花色
红/粉/紫/藤/白

正如和名"松明花"所示，它的花朵鲜艳而赤红，如熊熊燃烧的火焰般绽放，在夏日的花坛中尤为显眼。它是结实而富有野趣的花卉，也适合水养，因此近年来作为切花上市。茎叶上散发着类似柑橘的香气，因而也被人们叫作"佛手柑"，并且作为香料使用。它的花朵可以泡茶，带点辣味的叶片还能用于烹饪。

	1月	2月	3月	4月	5月	6月	7月	8月	9月	10月	11月	12月	
						███	███	███	███				园艺开花期
			种植						种植				园艺管理

泽兰属

从万叶中来
被归类为藤袴

原产地:	北美
学名:	Conoclinium
科名:	菊科
别名:	蓝色藤袴、西洋藤袴、洋种藤袴、雾花泽兰
分类:	多年生草本（宿根草）
株高:	40~80cm
耐寒性/耐热性:	-10℃·强

花语
关怀/犹豫的心情

花色
紫/白

株高40~80cm，紫色花朵像藿香，清爽地绽放。学名Conoclinium，生长在北美一带，直到近期，它才被归类为与藤袴同样的泽兰属花卉，并成为该类属中具有代表性的品种之一。此外，它还作为切花上市，但由于其较强的耐热性，也常被人们种植在庭院和花盆里。在稍有湿度的环境中能够茂盛生长，是一种地上部分到了冬季就会枯萎的宿根草。

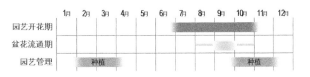

	1月	2月	3月	4月	5月	6月	7月	8月	9月	10月	11月	12月
园艺开花期							███	███	███	███		
盆花流通期												
园艺管理			种植							种植		

大戟

独特的姿态以及
似白花的苞叶博得了人气

大戟属花卉中，有像花麒麟（虎刺梅）那样的多肉植物，还有一品红那样花苞鲜艳的同类品种等，在全世界分布着多达2000个品种。其中比较受人瞩目的是彩色大戟以及欧洲柏大戟等，它们是具有耐寒性的多年生草本，以独特的花姿为特征。大戟的花朵很小，周围的苞叶纤长而造型别致，因此成为庭院以及花箱中惹人注目的重要存在。近年来，较有人气的钻石冰花和钻石之星等品种像霞草一样开着白色小花，从初夏到秋季，为花坛增添了清爽的色彩。但是，不论哪个大戟品种，人们若是碰到其茎叶切口处分泌的乳液，都会引起皮肤红肿，必须多加注意。

公元前200年左右，在非洲北部努米底亚王国，有个侍奉朱巴二世国王的希腊医师名叫Euphorbos，花名Euphorbia是将其英式读法的学名一般化之后而来。

原产地：**全世界**
学名：**Euphorbia**
科名：**灯台草科**
别名：**灯台草**
分类：**一年生草本、多年生草本、灌木**
株高：**10～100cm**
耐寒性/耐热性：
普通·强
（多湿环境较弱）

诞生花 2月19日

花语
思慕/得到帮助/
想再见到你

花色
红/橙/
黄/白/绿/紫

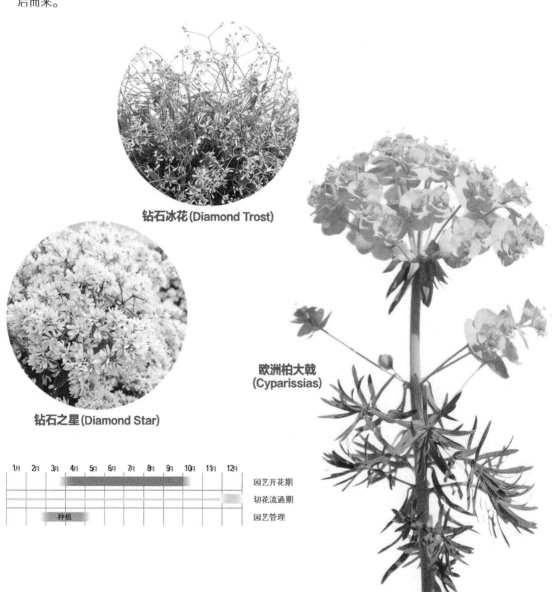

钻石冰花(Diamond Trost)

钻石之星(Diamond Star)

欧洲柏大戟
(Cyparissias)

1月	2月	3月	4月	5月	6月	7月	8月	9月	10月	11月	12月	
												园艺开花期
												切花流通期
		种植										园艺管理

原产地：北半球温带
学名：Lilium
科名：百合科
别名：百合花
分类：球根类
株高：50~200cm
耐寒性/耐热性：
强·普通

花语
纯粹/可爱/无瑕的心

花色
白/红/粉/
橙/黄/多色

小鬼百合

黄花鹿子百合

白殿(Casablanca)
（东方混合种）
(Oriental Hybrid)

魔法之星(Magic Star)
（东方混合种）
(Oriental Hybrid)

百合

从日本以及亚洲的原生品种中
培育诞生了世界上的全部园艺品种

从欧洲到亚洲、北美洲广泛分布着约100种百合的原生品种。尤其在日本，生长着十余种百合品种，堪称百合的宝库。百合的原生种大致可分为4个群组，喇叭状花形的"铁砲百合"群组中，包括"笹百合"和"乙女百合"等品种；漏斗状巨大花轮的"山百合"群组中，包括"作百合"等品种；茶碗形状、花瓣之间有空隙的"透百合"群组中，包括"虾夷透百合"等品种；花瓣大幅度翘曲的"鹿之子百合"群组中，则包括"鬼百合"等品种。

上述这些原生种已是十分美丽动人，因此在日本并没有推进百合的品种改良工作。然而，在荷兰等地，人们用这些原生种杂交培育出了目前在世界上流通的几乎所有园艺品种。从日本固有品种山百合以及鹿之子百合等品种中，诞生了诸如白殿等东方混合品种；从亚洲原产的透百合及鬼百合等品种中，诞生了亚洲性混合品种，博得了极高的人气。自公元前约1500年起，在克诺索斯宫殿上就绘有百合图案。也许人们对于百合的憧憬之情将永远持续下去。

	1月	2月	3月	4月	5月	6月	7月	8月	9月	10月	11月	12月
园艺开花期												
切花流通期												
园艺管理								种植				

123

马缨丹

能够吸引蝴蝶飞来
花色变化多端

直径不到1cm的小花聚集成半球状盛开，惹人怜爱。花色有从黄到橙到红，或是从黄到白到粉红等变化，因此和名也叫作"七变化"。

在中南美以及欧洲南部生长着约150种灌木或是多年生草本的马缨丹品种。其中，代表种卡拉马可培育诞生树高30cm、能够抵御雨水的园艺品种，匍匐性灌木小花马缨丹则常用于吊篮或是地表栽培，它的植株强健，花期长，在关东地区南部偏南的户外生长能够耐过冬季，是十分易栽培的花卉。能够吸引纹黄扬羽等蝴蝶飞来，其黑色成熟的果实具有毒性，然而对鸟类无作用，它的种子被鸟儿带向冲绳、小笠原诸岛等地方。然而马缨丹在澳大利亚等地是难以处理的杂草，为了防止它长到庭院之外，得尽快将它的果实摘除。

蔷薇橙 (Rose Orange)

小花马缨丹 (Lantana)

	1月	2月	3月	4月	5月	6月	7月	8月	9月	10月	11月	12月
园艺开花期												
盆花流通期												
园艺管理				种植								

原产地: 热带美洲
学名: Lantana
科名: 马鞭草科
别名: 七变化、红黄花、西洋山丹花
分类: 常绿灌木、多年生草本
树高: 30~150cm
耐寒性/耐热性:
稍弱・普通

诞生花 11月21日

花语
协力/合意/
变心

花色
白/红/粉/
橙/黄/多色

柠檬马缨丹
(Lemon Lantana)

原产地：日本、亚洲北部、欧洲
学名：Gentiana
科名：龙胆科
别名：磨地胆
分类：多年生草本（宿根草）
株高：15~70cm
耐寒性/耐热性：
−10℃・弱

诞生花 10月13日

花语
致悲叹的你/
寂寞的爱情

花色
蓝紫色

龙胆

在晴朗的秋日天空下绽放
是具有药用价值的美丽山野草

只要看到这种蓝紫色的花，就能切实感受到秋季的来临。分布于日本的本州、四国、九州地区，园艺品种繁多，有适合作为切花的高植株品种，有适合作为盆花的低矮品种，以及开花较早的品种。为人们所知的中草药"龙胆"则是将根干燥处理后药用。传说在日光市的二荒山神社，修行者通过用兔子试验而发现了此种植物的药效。是一种到了晚秋时节地面部分会枯萎的宿根草。

	1月	2月	3月	4月	5月	6月	7月	8月	9月	10月	11月	12月
园艺开花期												
切花流通期												
园艺管理				种植					种植			

原产地：北美安大略省~德克萨斯州
学名：Rudbeckia
科名：菊科
别名：黑色与苏珊、荒毛反魂草
分类：春季一年草、多年生草本（宿根草）
株高：40~100cm
耐寒性/耐热性：
普通・强

诞生花 9月24日

花语
公平/正义/
注视着你

花色
橙/黄/茶

宿根金光菊
小苏西
(Fulgida Litlle Suzie)

金光菊

适合花束或寄种
给人鲜明的夏日印象

在北美分布着30个金光菊品种，明治时代中期引进日本。现在多数栽培的是一种叫作荒毛反魂草（黑心金光菊）的园艺种，它的茎叶上长有粗毛，盛开后呈花径20cm的巨大轮廓，黄色的花瓣与暗褐色的中心部分形成鲜明的对比。较为独特的一点是，花期过后，中心部分仍然热烈开放。此外，株高约80cm的小轮品种榆叶梅金光菊、黑眼苏珊、宿根金光菊等都属于宿根草，作为切花或是寄种于花坛，都很有人气。

	1月	2月	3月	4月	5月	6月	7月	8月	9月	10月	11月	12月	
													园艺开花期
													盆花流通期
					种植								园艺管理

蓝刺头

看上去独具特色的花儿
是娇艳可爱还是颇具权威呢?

原产地: 东欧、西亚
学名: Echinops
科名: 菊科
别名: 琉璃玉蓟、刺头
分类: 多年生草本(宿根草)
株高: 60～150cm
耐寒性/耐热性:
－10℃・弱

诞生花 7月17日

花语
权威/丰富的感受

花色
蓝/紫/白

学名Echinops在希腊语中意味着"形似刺猬",而蓝刺头也正如其花名,具有布满尖刺儿的圆球形花朵,是一种形态独特的植物。球状花序由上至下呈现紫色,花朵凋谢后仍然呈球形残留在花茎上。因此,除了种在花坛之外,蓝刺头也常作为切花或是干花利用。锯齿状叶片像蓟一样,仿佛触碰到就会剧痛,给人难以接近的印象,花语"权威"也由此而来吧。

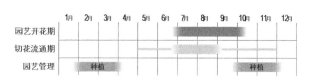

	1月	2月	3月	4月	5月	6月	7月	8月	9月	10月	11月	12月
园艺开花期												
切花流通期												
园艺管理		种植								种植		

原产地: 南非
学名: Lobelia
科名: 桔梗科
别名: 琉璃蝶、琉璃沟隠、琉璃蝶草
分类: 秋季一年生草本、宿根草
株高: 15～30cm
耐寒性/耐热性:
0℃・普通

诞生花
白: 2月29日
蓝: 11月15日

花语
白: 优雅的态度
蓝: 谦让的美德

花色
白/红/粉/
蓝/紫/多色

六倍利

如小小的蝴蝶翩翩起舞
原产于南非的花

从热带到温带分布着约200种六倍利属品种,市面上看到的主要是一种叫作琉璃蝶草的一年生草本爱黎努丝。高10～30cm、蓬松柔软的植株上,蓝紫色的花儿像蝴蝶一样成群开放,春季到初夏对于垂吊花盆来说是不可或缺的存在。另一个品种的理氏六倍利则是具有较强耐热性的宿根草,花茎伸长并垂挂下来,开花数量较少,但能够持续开到秋季。

	1月	2月	3月	4月	5月	6月	7月	8月	9月	10月	11月	12月	
													园艺开花期
													盆花流通期
			种植						种植				园艺管理

秋
Autumn

秋
Autumn

菊的过去与现在

管物

盆栽菊

嵯峨菊

争奇斗艳的
古典园艺

菊是一类品种繁多的植物，这里仅就那些常被称作"菊"的园艺品种——家菊来举例说明。在古代，家菊从中国传入日本，据说这是由生长于朝鲜菊与生长在中部的这岛寒菊杂交培育而成。

这种家菊于平安时代引进，据说在天武天皇时代（7世纪后半叶）作为长寿的灵草而广为传播，人们将其浸泡在酒里饮用。直到现在，也仍然存在着能够食用花朵的家菊品种，在成为观赏植物之前，它首先就作为药用与食用植物广受人们喜爱。

观赏用家菊人气骤增的契机是德川3代将军们喜好赏花，因而掀起了江户时代的园艺热潮。与缨草、花菖蒲大热的同时，也兴起了家菊的育种热潮，或是举办"菊合"等品评会，那些装饰人偶服饰或是花坛的菊便博得了较高的人气。

随着"江户菊"逐渐绽放，人们将改变花的姿态成为"作艺"，将变化称为"打乱"，当时可谓享受"花之艺"的烂漫时代。之后，直到明治、大正时代，见证了日本独立发展的家菊，成为日本古典园艺植物之一，被人们叫作"古典菊"。这些都得益于当地爱菊人士群体，他们至今仍保存并栽培着这种古典菊。

于明治时代兴起培育热潮的是大菊。平瓣朝向中心茂盛开放的为"厚物"，从它的周边长出的细长管状花瓣向四面八方延伸的为"厚走"，管状花瓣上下齐生长的为"管物"，花瓣平直以单瓣型并列的为"一文字"，仿佛强有力握紧中心的叫作"大掴"，等等，各式各样雅致华美而又颇具艺术风情的花形诞生了。

在兴起大菊育种热潮的同时，为了让花朵开得更为美观，人们也不断改进着对大菊加工的方式。

较为主流的加工方式为3根式，将胁芽摘除，使一根茎上只开一朵花。与之相对的，小菊则是将芯摘除，促使分枝，以增加花量，或是用铁丝引导茎的生长，使其垂挂装饰于悬崖、盆栽以及菊人偶服饰上。

另一方面，也有从亚洲传入欧美的菊品种。欧美地区也同样进行了育种，比如在美国诞生了用于切花的花首结实的重瓣品种。与此同时，日本也从海外逆输入了洋菊品种。

此外，对于白昼变短就缩短开花时间的菊品种，人们通过灯照来调整它们的短昼性。到了20世纪40年代，菊的切花已经达到能够全年生产的程度。日本也培育出了许多适合切花的多花型菊品种。不论是搭配花束还是作为佛花，它们都受到人们的青睐。

总之，切花也好，盆栽也好，菊花的品质良好，花色、花形丰富多彩，令人赏心悦目，值得我们一边追溯它传入日本的悠久园艺文化，一边重新感受它的魅力。

原产地：中国、朝鲜半岛
学名：Hylotelephium
科名：景天科
别名：（大瓣庆草）、瓣庆草
分类：多年生草本（宿根草）
株高：30~70cm
耐寒性/耐热性：
−10℃・普通

花语
平和的日子
信任地跟随
机灵的人

花色
粉/红

长药八宝

花的姿态惹人怜爱
然而花名却雄伟大气

　　明治时代引进日本，娇小可爱的花朵博得了不少人气。长药八宝拥有比较雄伟大气的花名，与它的花姿不太匹配，这是由于即使叶片枯萎了，只要将它往土里插种，就能够茁壮地生根发芽。源义经的家臣给它取了"瓣庆"这个名字。它拥有旺盛的繁殖力，别名也叫"活草"。它也是一种针对皮肤红肿的药草。此外，它也以"瓣庆草"的名称在园艺界上市。

	1月	2月	3月	4月	5月	6月	7月	8月	9月	10月	11月	12月
园艺开花期												
盆花流通期												
园艺管理			种植							种植		

原产地：中国
学名：Osmanthus
fragrans var.
aurantiacus
科名：木犀科
别名：金木犀
分类：常绿乔木
树高：200~600cm
耐寒性/耐热性：
−10℃・普通

诞生花 10月15日

花语
志向远大的人/
谦虚谨慎的心情

花色
橙

丹桂

能够感知幸福的芳香
也宣告了秋天的来临

　　金黄色的花朵盛开后，远远就能闻到甘甜的芳香，宣告秋天来临了。在原产地中国，它被叫作"桂花"，除了种在院子里欣赏之外，将其干燥处理后的花混入茶叶中就成了桂花茶，浸入白酒中就成了桂花陈酒，加入蜂蜜熬煮可制成桂花酱……总之，可饮用也可食用。丹桂的花香还有镇静的功效。据说江户时代或是明治时代才终于引进日本。

	1月	2月	3月	4月	5月	6月	7月	8月	9月	10月	11月	12月
园艺开花期												
盆花流通期												
园艺管理			种植			种植						

多花型菊
(spray mum)

云之白条

原产地: 中国
学名: Chrysanthemum
科名: 菊科
别名: 龄草、隐君子、寿客
分类: 多年生草本（宿根草）
株高: 20～150cm
耐寒性/耐热性:
−5℃·普通

花语
相信我/
崇高廉洁的信念/
在逆境中快乐

花色
白/红/粉/黄/
橙/绿/茶/多色

菊

日本的象征之花

　　菊与樱花齐名，为日本的国花，作为硬币的设计图案、佛花以及献花而使用。直到平安时代初期，菊从中国传入日本，最初是作为药草栽培起来，在《古今和歌集》中也有记载。后鸟羽天皇将菊的图案印在自己贴身使用的物品上，后来菊就成为皇室的纹章图案。到了江户时代，兴起了菊的育种热潮，培育出了江户菊等品种，人们能够欣赏到花开到花落过程中花形变化之美。19世纪，英国植物学家福钧来到日本，将日本的改良品种带回英国，以此为契机，欧洲也兴起了菊的育种热潮。在中国，农历九月初九重阳节，人们喝菊酒祈祷长寿，这一风俗习惯也被日本所吸纳。食用菊与凉拌菠菜、凉拌菜、醋拌菜、天妇罗等料理也十分相配。

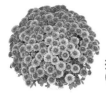

托挂型菊花
(Cushionmnm)

	1月	2月	3月	4月	5月	6月	7月	8月	9月	10月	11月	12月
园艺开花期												
切花流通期												
园艺管理						种植						

原产地：地中海沿岸
学名：*Leucoglossum*
科名：菊科
分类：秋季一年生草本
株高：15~20cm
耐寒性/耐热性：
普通·弱

诞生花 12月24日

花语
爱慕

花色
白(中心为黄色)

滨菊
(白晶菊)

从晚秋到初夏
为庭院装饰色彩

　　花瓣干净洁白的白晶菊耐寒性较强，花期从冬季到初夏，是具有人气的一年生草本。春天，呈球状生长的植株被盛开的花朵覆盖，十分美观。于1970年引进日本，算是比较新的园艺植物了，现在已是公园植栽里不可或缺的存在。其他品种比如耀眼亮黄色的鞘冠菊，虽然花形与姿态跟白晶菊很相似，然而它原产于阿尔及利亚，因此耐寒性较弱。以前，花店里都把这两种叫作Chrysanthemum。实际上，Chrysanthemum属是菊所有品种总称的学名。从前是分类的属名被作为花名留存了下来。现在，白晶菊是滨菊属，鞘冠菊则是鞘冠菊属，处于不是很明确的分类状态，然而这也是植物分类不断明确的过程中一个具有代表性的小插曲吧。

鞘冠菊亮黄色
(Multicaule Opright Yellow)

鞘冠菊

	1月	2月	3月	4月	5月	6月	7月	8月	9月	10月	11月	12月
园艺开花期												
盆花流通期												
园艺管理			种植								种植	

鞘冠菊(Multicaule)

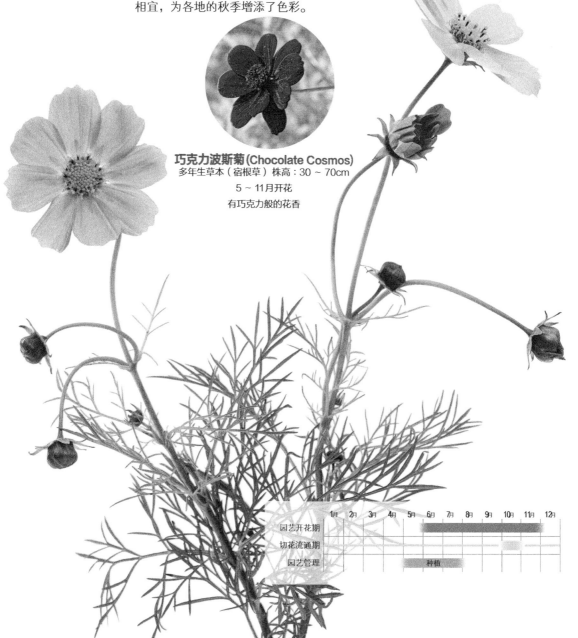

原产地：墨西哥
学名：Cosmos
科名：菊科
别名：秋樱、大春车菊
分类：春季一年生草本
株高：40~200cm
耐寒性/耐热性：
0℃·普通

诞生花 9月3日

花语
少女之恋/谦逊的心情/
和谐的心

花色
红/白/粉/
橙/黄/多色

波斯菊

如宇宙般美丽
为秋日风景增添色彩

　　它优雅的姿态正如秋日独有的风情。波斯菊生长于墨西哥的高原地带，后来传到西班牙，由马德里植物园的园长卡瓦尼列斯神父为其命名。Cosmos在希腊语中意为秩序、协调、美，也有世界、宇宙这层含义。也许这个名字是将花比喻为美丽的星辰世界吧。

　　波斯菊在幕末时期传入日本，并于1879年得到普及。据说普及的契机是当时东京美术学校讲师文森佐·拉古萨将波斯菊的种子从意大利带来日本。从花朵的姿态上想象不到，波斯菊是很顽强又易栽培的花卉。这不禁使人联想到与拉古萨结婚后跨越异国的日本女性——画家拉古萨·玉。波斯菊与日本的风土十分相宜，为各地的秋季增添了色彩。

巧克力波斯菊(Chocolate Cosmos)
多年生草本（宿根草）株高：30~70cm
5~11月开花
有巧克力般的花香

	1月	2月	3月	4月	5月	6月	7月	8月	9月	10月	11月	12月
园艺开花期												
切花流通期												
园艺管理					种植							

133

秋明菊

原生于中国，栽培于日本
在英国诞生大型花开品种

秋明菊生长在除北海道以外的日本各地山野地区，看似是日本原有的植物，实际上早在古代就从中国引进并在日本野生化了。江户时代，园艺家水野元胜的《花坛纲目》一书中记载了"秋明菊"。由此可见，那时就有秋明菊的栽培历史了。然而，秋明菊并非菊科，而是银莲花的同类品种。也许是它紫红色的重瓣盛开姿态让人以为是菊花，因此花名中带了"菊"字。十分常见于京都的贵船地区，也被叫作"贵船菊"。

在中国，秋明菊则被叫作"秋牡丹"，贝原益轩的《大和本草》一书中也记载了这个名称。自瑞典植物学家卡尔·屯贝里在日本发现秋明菊后，给它起了英文名叫"Japanese Anemone"（日本银莲花）。19世纪，植物猎人罗伯特·福钧从上海带到英国的日本秋明菊品种，则是与喜马拉雅山脉原产的同类银莲花属杂交而成的大型园艺品种。

原产地：中国
学名：Anemone x bybrida
科名：毛茛科
别名：贵船菊、秋牡丹
分类：多年生草本（宿根草）
株高：50~100cm
耐寒性/耐热性：
-10℃·普通

诞生花 10月2日

花语
隐忍的思念/
渐淡的爱情

花色
白/粉

	1月	2月	3月	4月	5月	6月	7月	8月	9月	10月	11月	12月
园艺开花期												
切花流通期												
园艺管理			种植	种植						种植		

娜丽花

阳光照射下熠熠生辉
堪称南非的贵妇人

　　娜丽花是一种原生于南非、栽培于英国的花卉。银行家莱昂内尔·罗斯柴尔德等人对其进行了品种改良，诞生了更美丽的品种。大正时代末期，娜丽花终于传入日本。昭和初期，以广濑巨海为首，一行人开展了高水准的育种工程。学名Nerine源自希腊神话中的海之神Nēreis的名字。在阳光的沐浴下，花瓣闪闪发亮，犹如宝石一般熠熠生辉，因此也被叫作宝石百合。

原产地：南非
学名：Nerine
科名：石蒜科
别名：宝石百合
分类：球根类
株高：30~60cm
耐寒性/耐热性：
0℃·普通

花语

下次还有机会/
幸福的回忆

花色

白/红/粉/
橙/紫/多色

	1月	2月	3月	4月	5月	6月	7月	8月	9月	10月	11月	12月
园艺开花期												
园艺管理									种植			

原产地：北美洲南部~墨西哥·危地马拉
学名：Bidens
科名：菊科
别名：冬波斯菊
分类：多年生草本（宿根草）
株高：30~150cm
耐寒性/耐热性：
−5℃·普通

诞生花

10月16日（Triplinervia）
12月8日（Laevis）

花语

再爱你一次（Triplinervia）/
美好和谐（Laevis）

花色

白/粉/黄/多色

鬼针草

来自亚热带国度
冬季也盛开的顽强花朵

　　向着冬季天空肆意盛开明亮的花朵，是一种顽强的多年生草本。花名"Bidens"在希腊语中是"两颗齿"的意思，看似与花朵的形态毫无关联，然而种子上有两根像牙齿一样的刺，当人们从花丛中经过时，它会紧紧粘在衣服上，像个爱恶作剧的孩子。虽然原产地为亚热带国度，但具有很强的耐寒性，即使在冬天也能开出像大波斯菊一样的花朵，因此也被叫作冬波斯菊，并且以这个名称更受人青睐。目前市面上流通的有2~3个品种。

	1月	2月	3月	4月	5月	6月	7月	8月	9月	10月	11月	12月
园艺开花期												
盆花流通期												
园艺管理						种植						

头花蓼

学名:	Persicaria
科名:	蓼科
别名:	姬蔓荞麦、蓼、寒虎杖
分类:	多年生草本（宿根草）
株高:	10~20cm
耐寒性/耐热性:	-5℃·普通

花语
偶然的相遇/
考虑周到/
惹人怜爱的你

花色
粉

在秋日天空下全面盛开
仿佛粉色的幕布

头花蓼目前已是彻底野生化了的植物，人们甚至快要忘了它原本是从喜马拉雅山诞生的事实。常在路边看到，容易让人以为是杂草，然而明治时期，它可是作为观赏用植物而引进日本的。花茎横向生长，接触到地面后即生根发芽，甚至能够从水泥地的裂缝中抽出芽来，生命力旺盛。成群生长，粉色小花聚集成球状，如绒缎一样扩展开来，十分美丽。样子与荞麦几乎一模一样。因为与生长在海边的蔓荞麦拥有同样的风情，所以有了"姬蔓荞麦"这个名字。

	1月	2月	3月	4月	5月	6月	7月	8月	9月	10月	11月	12月
园艺开花期				■	■	■	■	■	■	■	■	
园艺管理			种植						种植			

紫海葱

生长在日本山野的背阴处
充满闲静幽雅的风情

原产地:	日本、中国
学名:	Tricyrtis
科名:	百合科
别名:	杜鹃、油点草
分类:	多年生草本（宿根草）
株高:	20~100cm
耐寒性/耐热性:	-10℃·普通

诞生花 11月29日

花语
永远都属于你/
心中隐藏的思念

花色
白/紫/粉

紫海葱常见于秋季茶会的桌上，是日本具有代表性的山野草。它生长于日本关东以西、四国以及九州的山野地带，花瓣上有紫色的斑点，仿佛杜鹃鸟胸前的绒毛，因此也被叫作杜鹃。由于以这种具有灵妙之力的鸟来命名，使得花的格调也变得高雅起来，乍一看花的品质十分上乘。紫海葱在日本生长着约10个品种。最近，强健的中国紫海葱与普通紫海葱的杂交品种越来越多地出现在了市面上。

	1月	2月	3月	4月	5月	6月	7月	8月	9月	10月	11月	12月
园艺开花期									■	■	■	
切花流通期						■	■	■	■	■		
园艺管理			种植									

彼岸花

石蒜

初夏叶片枯萎凋零
大轮花之美愈发突显

原产地：日本、中国、朝
鲜半岛
学名：Lycoris
科名：石蒜科
别名：曼珠沙华
分类：球根类
株高：40~60cm
耐寒性/耐热性：
-5℃·普通

诞生花 9月14日

花语
发誓/亲切的心情/
遥远时光的回忆

花色
红/白/黄/
橙/粉/
蓝/紫/多色

金黄石蒜 (Aurea)

红蓝石蒜 (Sprengeri)

　　直立生长的花茎顶部生长着数朵大型轮廓的花，这样的姿态透着一股端庄凛冽。石蒜属指的是生长在日本、中国的所有彼岸花同类品种的总称。花瓣呈鲜红色的为彼岸花，别名也叫曼珠沙华，白色花瓣的品种叫白花曼珠沙华，黄色花瓣的品种则是钟馗水仙（金黄石蒜）或是钟馗兰。

　　它盛开在彼岸，或是种植于墓地，并且是含有生物碱的有毒植物，这些特性也让石蒜花被人们敬而远之。花朵凋零后才长出叶片，到了初夏，叶片枯萎掉落，更突显了开到全盛时期的花朵之美。每年秋天，在埼玉县日高市的巾着田，以及奈良县明日香村的石舞台古坟周边等地方，石蒜花成群盛开，无比美艳，吸引了大批的游客前去欣赏。

	1月	2月	3月	4月	5月	6月	7月	8月	9月	10月	11月	12月
园艺开花期												
园艺管理								种植				

原产地：北美、欧
洲、亚洲
学名：Aster
科名：菊科
别名：孔雀紫菀、孔
雀菊、米迦勒雏菊
分类：多年生草本
（宿根草）
株高：30~200cm
耐寒性/耐热性：
-10℃・普通

诞生花 10月11日

花语
一见钟情/
永远保持愉快/
本真的你

花色
桃/紫/白/红

宿根紫菀

无数小花呈一整面盛开
仿佛孔雀开屏一般

　　只要看到花朵呈放射状突然盛开的场景，就会让人
情不自禁地微笑。需要一个词汇来比喻它的花姿，来囊
括它多达500种同类品种的总称，因此将希腊语中意为
星星的Aster来为其命名。即使茎叶枯萎，根依然能够存
活，度过年份，是一种多年生草本，因此花名前面加上了
"宿根"，便于跟一年生草本Aster区别开来。在日本，也
有紫菀、野绀菊等品种存在。

　　在这么多品种中，被人们叫作宿根紫菀的主要有以
下两种：一种为孔雀紫菀的同类品种，无数华丽的小花如
同孔雀开屏一般盛开，十分夺目；另一种为米迦勒雏菊，
因为它在欧美的圣米迦勒祝日9月29日前后盛开。宿根
紫菀有单瓣和重瓣之分，花色有白色、蓝紫色、紫红色、
粉色等，株高从30cm~2m不等，都生长在北美地区。

维多利亚 粉红芬妮
(Victoria Pinkfaruy)

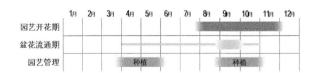

	1月	2月	3月	4月	5月	6月	7月	8月	9月	10月	11月	12月
园艺开花期												
盆花流通期												
园艺管理				种植					种植			

冬
Winter

冬
Winter

浅谈花卉生产

世界各地的花
漂洋过海绽放

花店里陈列着的各类花卉中，很多都是从海外进口的品种。然而花卉不像食品那样标注生产国度，因此，即使是再喜欢花的人，可能也很难区分花卉的生产国度吧。

那时正值农产品进口关税TPP问题成为热点话题的时候，然而令人惊讶的是，花卉进口关税从1985年起就为0%了。现在，人们需求较多的康乃馨、兰花等品种中，约有一半是从海外进口的。

菊的进口品种也与日俱增，其中（单株）大轮菊来自中国，多头型菊来自马来西亚。由于大批量生产供货稳定，所以成为葬礼祭奠等场合的重要装饰花卉。马来西亚多头菊的花茎坚实，花形美观，售价与日本产菊相差不大，可见并不是因为价格便宜才进口的。

从很久以前起，花卉生产以荷兰等地为中心。到了20世纪90年代，南半球也悄然兴起了这股热潮。特别是赤道以南的咖啡产地一带，日照量较多的高地夜晚十分凉爽，对花朵的生长与成型较有益处。由于阳光直射，花朵也笔直向上绽放。因此，这股热潮的兴起，不光是因为人工成本低廉，更是因此花卉的魅力被广泛认可了。

南美洲哥伦比亚生产的康乃馨经由美国迈阿密引进到日本。由于采用与冷冻食品同样的低温保存方式，较好地维持了花的品质。

花烛属植物的花朵以及蕨类植物的叶片、金丝桃属植物的果实、澳大利亚的野生花，等等，不经意间，日本已从世界各地引进了大量丰富多彩的花卉。虽然每朵花上并没有一一标明它的生产国度，然而目前日本一定是世界上能够观赏到最多样花卉品种的国家了吧。

＊「花卉」指的是切花、盆栽、幼苗等，作为观赏用而生产出来的植物。

里山系列 观光之里（Mona Lisa Wine White）（仙客来）（Anemone）

NAMAHAGE 魔法(NAMAHAGE Magic)
（大丽菊）(Dahlia)

里山系列 观光之星（仙客来）

Lovely Effect（蝴蝶兰）

特大 红古铜叶（Whopper Red Bronze Leaf）
（秋海棠）(Begonia)

小夏 草莓红
（日々草）

Japan Flower
Selections 获奖

发现优秀的品种
确立崭新的目标

全新的花色、花形、品种名、商品名层出不穷，数量很大，即使再喜好花卉之人也无法记全所有的品类。

在世界各地数不完、看不尽的园艺品种中，为了尽可能介绍并普及那些优秀的新品种，海外成立了诸如全美园艺新品种大赛（All America Selections）（AAS）和欧洲花卉品种大赛（Fluoro Select）（FS）等审查会。

然而，与欧美的标准有所不同的是，日本的水土气候更适宜花卉的生长，这些因素自然使得至今日本不少花卉品种在审查会上得到嘉奖。因此自2006年起，推出了日本花卉新品大赛（Japan Flower Selections）。

大赛分为"切花""盆栽""园艺"这3个项目，旨在竞选出国内外新品种中最优秀的。各部门通过每次审查会确定入围奖项的品种，从中选出特别奖与优秀奖，在年末最终选定最优秀奖。此外，园艺部门也会审查栽培试验的记录；春季，切花与盆栽部门也会举办面向普通消费者的人气投票。

2011年园艺部门评选出的最优秀奖是深红秋海棠，是耐热性较弱的球根类植物。从秋季直到12月都能欣赏到它的花姿，使人感受到一种崭新的可能性。因此，它一举成为热门花卉。2012年切花部门评选出的最优秀奖是毛茛属的拉茨库斯（Lax·Ariadne），如瓷釉一般绽放着耀眼的光芒，这种唯独日本才有的新奇性使其大受欢迎。

获奖的品种会被标上获奖符号在市面上售卖。该奖项在日本已成为便于使用、寻求、发现优良品种的重要指标。

*采访摄影协助/大田花卉花之生活研究所、日本花卉新品大赛执行协会事务局

	1月	2月	3月	4月	5月	6月	7月	8月	9月	10月	11月	12月
园艺开花期					根据品种而定							
切花流通期												
园艺管理			种植						种植			

（蛇之目欧石楠）

蛇之目欧石楠(Erica)
冬~春开花

**黑药欧石楠
(Melanthera)**
秋季开花

**细管欧石楠
(Linnaeoides)**
春季开花

欧石楠

能够抵挡住呼啸的狂风
在荒郊野外成群开放的花

　　无数根纤细的分枝上，密密麻麻长着吊钟型穗状盛开的小花。别名 Heath 英文意思为"荒地"。艾米莉·勃朗特的小说《呼啸山庄》故事发生的舞台就在石楠之丘，荒野中生长的石楠花在充满戏剧性的场景中出现。

　　在欧石楠多达700种以上的品种中，大部分都诞生于南非，其中一个代表性品种花药呈黑色，看上去像蛇眼，因此叫作蛇之目欧石楠，于大正初期引进日本。欧洲原产的寻常欧石楠则从很久以前起就作为染料、燃料以及竹筐、扫帚等日用品为人们使用了。由于欧石楠有粉碎胆结石的药效，所以花名取自希腊语"打碎"的意思。目前它还可作为药草茶来饮用，也适用于化妆水成分中。

原产地：南非、欧洲
学名：Erica
科名：杜鹃花科
别名：Heath（石楠）
分类：常绿灌木
树高：20~200cm
耐寒性/耐热性：
普通~强·普通~强

诞生花 2月6日

花语
谦逊的心情/舒心的言语/
博爱的心

花色
红/粉/橙/黄/白

蛇之目欧石楠

流苏系 (Fringe)

彩粉系 (Pastel)

原产地	地中海沿岸
学名	Cyclamen
科名	樱草科
别名	篝火花、猪肉包
分类	球根类
株高	10~30cm
耐寒性/耐热性	5℃·普通

诞生花 1月8日

花语
深思熟虑/内向的心/腼腆

花色
白/红/粉/黄/紫/多色

仙客来（樱草）

所罗门王称其为"忧闷"
武子称其为"摇摆的火焰"

即使花朵朝下开放，花瓣也向上翘曲。对于这样的姿态气质，不同的人感受也各异。传说以色列的所罗门王认为，这花仿佛羞于与自己对话而展现出忧闷的样子，并且为它这种姿态取了名。另一方面，和歌诗人兼教育家九条武子认为这花"仿佛篝火一般"。因此，牧野富太郎为它起了"篝火"这一和名。花朵之所以呈现这种姿态，是由于受到原产地地中海沿岸气候的影响。在温暖多雨的早春时节，为了不让花粉四处飘散，花朵便向下盛开。

古时，比起观赏，人们更多则是食用其块茎，或是将其根用作草药。英国与德国则对仙客来盆栽开展品种改良工作。明治时代初期，仙客来被引进日本，作为年末年始的装饰盆栽广受人们喜爱。近年来也诞生了能够在户外欣赏的小型园艺仙客来品种，博得了较高的人气。

原种仙客来 (Cyclamen)

	1月	2月	3月	4月	5月	6月	7月	8月	9月	10月	11月	12月	
													园艺开花期
													盆花流通期
								种植					园艺管理

原产地：地中海沿岸
学名：Iberis
科名：十字花科
别名：宿根屈曲花、翘曲花、常盘荠、白烛葵
分类：多年生草本（宿根草）
株高：10~20cm
耐寒性/耐热性：强·强

诞生花 2月11日

花语
甜蜜的诱惑/初恋的回忆

花色
白/红

屈曲花（宿根屈曲花）

向着太阳盛开的小花
是敬慕它们的故乡南欧吗

甘甜芳香的小花聚集在花茎顶部开放，随着花朵不断绽放，花团锦簇，形成较大的花房。开到最烂漫时，甚至能将叶片层层遮盖。4片花瓣中外侧的2片特别大，这是它的特征之一。由于屈曲花大多生长在伊比利亚半岛，因此学名取为Iberis。它还有个别名叫弯曲花，正如其名所示，它的花茎具有向着太阳弯曲的特质。其盆栽花也在冬季的市面上流通。

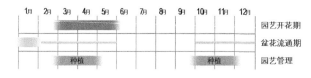

	1月	2月	3月	4月	5月	6月	7月	8月	9月	10月	11月	12月	
													园艺开花期
													盆花流通期
			种植							种植			园艺管理

原产地：欧洲、非洲北部、西伯利亚
学名：Calluna
科名：杜鹃花科
别名：御柳拟、西方柏
分类：常绿灌木
树高：20~80cm
耐寒性/耐热性：强·稍弱

花语
关系和睦的夫妻/献给启程的你/自立

花色
粉/紫/白

帚石南

为荒凉的山野草原增添色彩
也是生活中常用的植物

帚石南直到现在才成为人气的园艺植物，曾经只是用作清扫屋檐的工具或是笤帚，丝毫不起眼。花名也是取自希腊语"Calunen"（扫除）。与欧石楠一同被叫作石南。看上去像花瓣的部分是有颜色的萼片，它的特征是花瓣非常小。有多达1000多种园艺品种，花期主要在夏季，部分品种也在冬季开花。

到了冬天，可以欣赏到帚石南的叶片逐渐变成红色或黄色。

	1月	2月	3月	4月	5月	6月	7月	8月	9月	10月	11月	12月	
						根据不同品种而定							园艺开花期
													盆花流通期
			种植						种植				园艺管理

原产地: 地中海沿岸
学名: Calendula
科名: 菊科
别名: 黄金盏
分类: 秋季一年生草本
株高: 20~60cm
耐寒性/耐热性:
-10℃·普通

诞生花 8月29日

花语
充满慈爱/离别的悲伤

花色
橙/黄/茶/多色

金盏花

从江户时代起
就作为金盏花受人喜爱

样子像金黄色的灯盏，也许金盏花这个和名更为人们所熟知。江户时代末期，金盏花经由中国传入日本，那时常作切花佛花之用。属名 Calendula 取自古罗马"月之首日"的意思。金盏花的花期较长，遂用 Calendar 为语源来表示"一个月"的意思。原产地为地中海沿岸，在中世纪的欧洲，金盏花可食用也可药用，还能为黄油与芝士着色，并具有驱虫等功效。

其他品种例如"不知冬"，则是小轮多花性品种，具有较强的耐寒性，在严冬也能持续开放。

	1月	2月	3月	4月	5月	6月	7月	8月	9月	10月	11月	12月
园艺开花期												
切花流通期												
园艺管理										种植		

原产地: 巴西
学名: Schlumlergera
科名: 仙人掌科
别名: 虾蛄叶仙人掌、圣
诞仙人掌、丹麦仙人掌
分类: 多年生草本（多肉植物）
株高: 20~30cm
耐寒性/耐热性:
弱·普通

诞生花 12月12日

花语
充满冒险精神/
生命的喜悦/美丽的情景

花色
红/白/粉/
橙/黄/多色

蟹爪兰

在桑巴国森林的树上
在雾中盛开的仙人掌

看似锯齿状的叶片顶端开着花，像叶片的部分其实是茎节。有着平坦而稍厚实的样子，据说是多肉植物的品种。多生长于巴西高地迷雾缭绕的森林树上或是岩石上。明治时期传入日本。它那若干茎节连在一起的姿态像蟹爪一样，因此取名蟹爪兰。在欧美国家，由于它每逢圣诞盛开，因此被叫作圣诞仙人掌。

	1月	2月	3月	4月	5月	6月	7月	8月	9月	10月	11月	12月
园艺开花期												
盆花流通期												
园艺管理				种植								

肉桂粉雪

圣诞玫瑰

**在寒冷的圣诞之夜里
牧羊少女手捧的花束**

　　在昏暗寒冷的冬日看到这束花，心情也会变得明亮起来。到了圣诞，原生种Niger会开出美丽的白花，因此它有了"圣诞玫瑰"这个名字。近年来，在日本花市上出现的主要是与东方原种杂交而成的园艺混合种，从早春开始开花。另外，市面上还有其他品种：比如在直立生长的花茎顶部开花的Corsicus以及Foetidas等，逐渐形成了丰富多样的花色与花形。

　　学名Helleborus在希腊语中意味着"Helaine"（至死）和"Bora"（食物）。因为本身具有毒性，所以常作药用。明治时代初期引进日本，并且作为药草开始种植。看上去像花瓣的是萼片，不会凋谢，使人们能够长久欣赏到花姿，这点成为它人气高的原因。

原产地：欧洲、中国
学名：Helleborus
科名：毛茛科
别名：四旬玫瑰、铁筷子、冬牡丹、雪起
分类：多年生草本（宿根草）
株高：10~50cm
耐寒性/耐热性：
强·普通

诞生花 12月19日

花语
抚平不安/
使人安心/
抚慰我的担忧

花色
白/粉/黄/
绿/紫/茶/
黑/多色

	1月	2月	3月	4月	5月	6月	7月	8月	9月	10月	11月	12月
园艺开花期	███	███	███	███								██
切花流通期		██	███	███								
园艺管理	种植	███								种植	███	

Corsicus 银色蕾丝花边

暗红圣诞玫瑰 (Atroubens)

杂交旋转圣诞玫瑰
(Ericsmithii Pirouette)

梅子之眼
(Pulum Eyes)

芳香圣诞玫瑰
(Odorus)

杂交小丑圣诞玫瑰
(Ericsmithii Joker)

绿色双重圣诞玫瑰
(Green Picoty Double)

绿色鸡尾酒
(Green Cocktail)

晚礼服 (Party Dress)
（橙黄）(Limer Yellow)

晚礼服 (Party Dress)
（石榴红）(Garent Rde)

科西嘉 (Colsis Silver Lace)
（银花边）

白雪 (Snow White)

油菊（双重幻想）
(Niger Double Fantasy)

紫花圣诞玫瑰
(Purpurascens)

油菊
(Niger)

暗紫圣诞玫瑰
(Maiolica)

147

水仙

原产地: 地中海沿岸、非洲北部、欧洲
学名: Narcissus
科名: 石蒜科
别名: 金盏银台、雪中花
分类: 球根类
株高: 10~50cm
耐寒性/耐热性: 强·普通

花语
骄傲自大/
自夸/回应爱

花色
白/橙/
黄/多色

经历丝绸之路的旅程
散发清爽花香的水边仙人

直立生长的花茎顶部开着一朵朵稍稍低着头的花朵，清新而怡人。在6片花瓣的中央还长着副花冠，然而不同品种的水仙副花冠形态也不同。在所有品种中，有一种叫"日本水仙"，看名字容易使人误认为是日本原产的品种，实际上它是从地中海沿岸过来的馈赠品。平安时代，水仙通过丝绸之路从中国引进日本，并逐步野生化，花名直接采用中国的名字"水仙"，意为将花朵比喻为仙人。

学名Narcissus源自希腊神话中的美少年那喀索斯（Narkissos），传说少年太过迷恋水中倒映的自己，最终死去化为花朵，一直伫立在泉水岸边，而这个少年的名字也就成为"自恋"的词源。水仙的花香与美丽的花姿备受人们喜爱，黄水仙、口红水仙、房开水仙等则是作为宝贵的天然香料为人们使用。然而，水仙本身带有毒性，务必注意不要与韭菜混淆。

五瓣型(Chinker)（大花水仙）

巨型园艺种
(Garden Giant)
（大花水仙）

粉色诱惑(Pink Charm)
（杯状开花水仙）

二月金黄(February Gold)
（仙客来水仙）
(Cyclamineus)

白纸(Paper White)
（房开水仙）

长寿花(Junquillo)
（黄水仙）

喇叭水仙以及杯装
开花水仙等

	1月	2月	3月	4月	5月	6月	7月	8月	9月	10月	11月	12月	
													园艺开花期
													切花流通期
								种植					园艺管理

香雪球

零零星星开着几朵小花
隐约的花香唤来了春天

　　花茎顶端零星盛开着几朵小花，十分可爱。由于花茎横向生长，花朵们仿佛覆盖的毛毯一般铺开绽放。花朵后面长着小小的果实，因此取了Lobularia这个学名，拉丁语中意为"小小的碎片"。Alyssum是旧属名。它散发微微的芳香，又形似荠菜，因此和名也叫香荠。至于何时引进日本的，目前尚未明确。

原产地:	地中海北岸~西亚
学名:	Lobularia
科名:	十字花科
别名:	庭荠、香荠
分类:	多年生草本（一年草）
株高:	约20cm
耐寒性/耐热性:	稍弱・弱

诞生花 3月23日

花语
有价值的事物/
获得飞跃的提升

花色
白/红/橙/
黄/紫

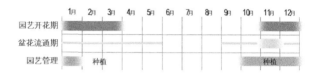

	1月	2月	3月	4月	5月	6月	7月	8月	9月	10月	11月	12月
园艺开花期												
盆花流通期												
园艺管理		种植									种植	

叶牡丹（甘蓝）

通过荷兰的船只引进日本
自江户时代起成为新春装饰的蔬菜

　　说起叶牡丹，自然而然想到年末装饰的风景线。它原本是17世纪作为食用品而引进的地中海沿岸原产的卷心菜同类——甘蓝，也被叫作"荷兰菜""牡丹菜"。贝原益轩在《大和本草》中记述了叶牡丹"食味良好"。而日本则是第一个对叶牡丹进行观赏型品种改良工作的国家，在明治时期，诞生了东京丸叶系和名古屋缩面系等多样的品种。人们喜好将它红白的叶片作为正月新春的装饰。此外，第二年以后开始分枝的舞动叶牡丹是人气的切花品种。

原产地:	地中海沿岸
学名:	Brassica
科名:	十字花科
别名:	羽衣甘蓝、羽衣卷心菜、菜豆、牡丹菜
分类:	多年生草本（一年草）
株高:	20~80cm
耐寒性/耐热性:	普通・普通

诞生花 1月2日

花语
充满慈爱的心/
不为万事所动摇

花色
白/粉/紫红（叶片颜色）/
黄（花色）

	1月	2月	3月	4月	5月	6月	7月	8月	9月	10月	11月	12月
园艺观赏期	观赏		开花							观赏		
切花流通期												
园艺管理					种植							

原产地：日本、中国、朝鲜半岛
学名：Camellia japonica
科名：山茶科
别名：椿、耐冬花、薮茶花、山茶花
分类：常绿乔木
树高：100~1500cm
耐寒性/耐热性：强·强

诞生花 2月4日

花语
完全的爱/
克制的温柔

花色
红/粉/白/多色

茶花

成为西方小说中的题材
早春盛开，诞生于日本的花

茶花可以说是日本具有代表性的花卉，学名Camellia取自18世纪将茶花带到欧洲的传教士Camel的名字。茶花在亚历山大·小仲马的小说《茶花女》中发挥了令人印象深刻的作用。德川秀忠为吹上宫殿开辟花田，聚集了世界各地的名花献给皇室。以此为契机，到了江户时代，茶花园艺品种多达200个以上，培育茶花成为一大热潮。此外，茶花还有其他用途，比如从种子中提取的油可用作灯火照明或是染发剂成分，木枝可用来做成各类工艺品等。

	1月	2月	3月	4月	5月	6月	7月	8月	9月	10月	11月	12月
园艺开花期												
盆花流通期												
园艺管理			种植			种植						

茶梅（山茶花）

很早以前装饰了初冬的篱笆围墙
也在童谣里被唱诵的花

由于茶梅跟茶花同属，并且外形相似，因此常被混淆。花名也取自茶花的中国名字"山茶"演变而成的"山茶花"（sansaka），稍许变化了读音后成了"仙茶花"（sazanka）。顺带一提的是，茶树也是它们的同属品种。其实，区分茶梅与茶花的方法有好几种，主要一种是根据从花头掉落的山茶来判断，茶梅的花瓣是一片片依次掉落，花朵平开，叶片边缘呈锯齿状。茶梅也在童谣中被唱诵，能够勾起人们的思乡情感。茶梅与茶花的杂交品种有寒茶花与春茶花，冬季~春季开花。

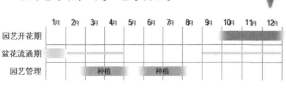

原产地：日本
学名：Camellia sasanqua
科名：山茶科
别名：（山茶花）、茶梅花
分类：常绿乔木
树高：100~800cm
耐寒性/耐热性：普通·普通

诞生花 12月29日

花语
一心一意的爱/
战胜困难的坚强

花色
白/粉/红/多色

	1月	2月	3月	4月	5月	6月	7月	8月	9月	10月	11月	12月
园艺开花期												
盆花流通期												
园艺管理			种植			种植						

原产地: 北半球温带
学名: **Primula**
科名: **樱草科**
别名: 西洋樱草
分类: 多年生草本（一年草）
株高: 10~30cm
耐寒性/耐热性:
稍弱・弱

诞生花

Julian: 1月1日
Obconica: 12月9日
Polyantha: 3月9日
Malacoides: 3月25日

花语

Julian: 年少时光的活力与光辉
Obconica: 少年时代的希望
Polyantha: 闪闪发光的青春
Malacoides: 朴素

花色

白/黄/橙/
粉/红/蓝/
紫/多色

多花型报春花
(Polyantha)

报春花

多彩缤纷的小花聚集在一起
预报春天即将来临

　　诞生于欧洲的报春花原种经过园艺化之后成了 Polyantha（多花型报春花）; 诞生于日本的 Julian 则是与高加索原产的 Julier 杂交而来的报春花品种; 诞生于中国的 Malacoides（软质报春花）则在 19 世纪由法国传教士带到欧洲, 并且进行了品种改良, 明治时代末期, 才终于经由欧洲传入日本。叶片背面和花茎上看起来像是有一层白色粉末, 因此其名也叫"化妆樱草"。跟它花形相似的大轮 Obconica（倒圆锥形报春花）是中国原产的, 并且在欧洲进行了品种改良。

　　在花量较少的季节, 报春花茎顶端聚集许多华丽盛开的小花, 让人顿时感受到了春天来临的喜悦气息。报春花原种在北半球温带地区分布的同类品种多达 500 种以上。由于在早春开花, 所以取了拉丁语中意味着"Primus（最初的）"的"Primula"作为它的属名。它是珍贵的具有压倒性人气的冬季之花。

软质报春花(Malacoides)

倒圆锥形报春花
(Obconica)

星形斑纹报春花
(Acaulis Zebra)

	1月	2月	3月	4月	5月	6月	7月	8月	9月	10月	11月	12月
园艺开花期												
盆花流通期												
园艺管理								种植				

原产地：日本
学名：Adonis
科名：毛莨科
别名：元旦草、长寿
草、长寿菊
分类：多年生草本（宿
根草）
株高：15~30cm
耐寒性/耐热性：
强·弱

诞生花 1月10日

花语
永远的幸福/呼唤幸福

花色
橙/黄

福寿草

金黄色花朵盛开，光芒四射
祝福新的一年开始

　　农历正月时节，从冰雪融化后的土壤中生长开花，仿佛闪耀着光芒。作为祈福新年的花卉，人们将它取名为"福寿草""元旦草"，从江户时代初期开始就是正月里的装饰花草。与南天竹搭配，寓意为"扭转困境，招来福气"。花期较长，因此也被叫作"长寿草"，是一种象征喜庆的古典园艺植物。具有太阳升起时开花、日落时闭起的性质，这是为了在花朵中心积蓄热量并引诱虫子进来。

	1月	2月	3月	4月	5月	6月	7月	8月	9月	10月	11月	12月
园艺开花期		▓	▓	▓								
盆花流通期												
园艺管理	种植										种植	

原产地：南非
学名：Euryops
科名：菊科
别名：非洲菊
分类：常绿灌木
树高：90~100cm
耐寒性/耐热性：
普通·普通

诞生花 11月2日

花语
夫妻圆满/明朗的爱

花色
黄

梳黄菊

色彩鲜艳地绽放
仿佛在说"请看着我"

　　银绿色的叶片上开着鲜明亮丽的黄色花朵，看上去仿佛睁大的双眼。不知是否因为这个缘故，人们给它起了希腊语"Euryops"（长着大眼睛）的名字。花期较长，冬日期间也能看到。虽然无论怎么看它的幼苗都跟普通的草一样，然而随着年数增长，它的花茎会变粗，最终生长成为树。原产地为南非，1972年从美国传入日本。

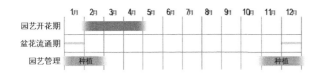

	1月	2月	3月	4月	5月	6月	7月	8月	9月	10月	11月	12月
园艺开花期	▓	▓	▓	▓	▓						▓	▓
盆花流通期												
园艺管理				种植					种植			

原产地:	墨西哥

原产地: **墨西哥**
学名: **Euphorbia pulcherrima**
科名: **大戟科**
别名: **猩猩木、大戟、圣诞花**
分类: **常绿灌木**
树高: **15~300cm**
耐寒性/耐热性: **10℃·普通**

诞生花 12月22日

花语
我心燃起/
祈愿幸福/神圣的祈祷

花色
苞: 红/白/黄/
粉/多色

一品红

千辛万苦从墨西哥引进
植物界的"圣诞老人"

　　明治时代初期，一品红终于引进日本，当时的品种是大型的，红绿配色鲜明，非常有视觉冲击力。现在，将一品红陈列在花店门口，似乎能够为整条街增添更多圣诞的气息。看上去像大红色花朵的是由叶片变成的苞叶，真正的花朵则是在中心，极其小，一点也不显眼。

　　1825年，美国驻墨西哥大使Poinsett（波因塞特）将这种花带到美国，花名Poinsettia（一品红）由此而来。至于和名猩猩木，则是将这种花想象成喜好喝酒、红着脸颊的动物，用猩猩作比喻。同类品种Euphorbia（大戟）则是多达2000种的大群组，其中"初雪草"的苞叶呈白色。为了让苞叶在圣诞节的时候变红，要早一步做好短日照的处理再上市。花名英语也叫"Christmas Flower"，但别忘了它没有那么强的抗寒性。

	1月	2月	3月	4月	5月	6月	7月	8月	9月	10月	11月	12月
园艺开花期												
盆花流通期												
园艺管理				种植								

兰

进化程度最高的花
多样性魅力征服了全世界

　　兰花被公认为进化程度最高的植物。它处于进化的最高点。换言之，它是一种起源较新，并且最晚出现在地球上的植物。然而，其独特的魅力俘获了全世界的心。首要的魅力点自然是它的多样性。在除极寒地之外的几乎所有陆地上，生长着约750个属类、2.5万种兰花野生种。其次的魅力点是它复杂而富有变化的花形与多彩缤纷的花色，再者便是它宜人的花香和漫长的花期，这些都是兰花受人喜爱的原因。

　　洋兰包括华丽的卡特兰、蝴蝶兰（Phalaenopsis）、蕙兰以及石斛兰等，东方兰包括没有温室也能栽培的草兰和羽蝶兰等，各有各的魅力。在20世纪，由于Mericlone（无菌培养法）等栽培技术的进步，使兰花的大批量生产成为可能，价格也相应降低，大多数人都能够轻易地购买欣赏。

**洋兰
(Cattleya)**

原产地: 中南美热带·亚热带地域
学名: Cattleya 科名: 兰科
别名: 卡特兰、日出兰
分类: 多年生草本 株高: 20~60cm
耐寒性/耐热性: 弱·强
开花期: 根据品种而异

花语

吸引人的魔力/魅惑的/成熟大人的魅力

花色

白/红/粉/橙/黄/绿/茶/多色

	1月	2月	3月	4月	5月	6月	7月	8月	9月	10月	11月	12月
切花流通期												

蝶兰

原产地: 中国、菲律宾、印度尼西亚、马来西亚等
学名: Phalaenopsis 科名: 兰科
别名: 蝴蝶兰 分类: 多年生草本
株高: 10~100cm 耐寒性/耐热性: 弱·强
开花期: 1~3月

花语

纯洁的爱/丰收/幸福降临

花色

白/红/粉/黄/紫/多色

**白色蝴蝶兰　系骨蓝鸭蝴蝶兰
(Blue Jay)**

石斛兰

原产地: 新几内亚、澳大利亚
学名: Dendrobium
科名: 兰科
别名: 蝴蝶型石斛兰
分类: 多年生草本
株高: 20~100cm
耐寒性/耐热性: 弱·强
开花期: 5~7月

花语

两人相称/
有才能的人

花色

白/红/粉/黄/
绿/紫/多色

**帕洛洛 阳光伊特
(Palol Sunshine)**

金蝶兰

原产地: 中南美 学名: Oncidium
科名: 兰科
别名: 文心兰、舞女兰
分类: 多年生草本 株高: 10~70cm
耐寒性/耐热性: 弱·强
开花期: 8~12月

花语

印象深刻的双眼/一起跳舞/清楚

花色

黄/茶/多色

万代兰
(V.Pat Delight)

棋斑阿尔巴
(Fessellata Alba)

万代兰
(V.Pachara Delight)

蕙兰

原产地: 东南亚
学名: Cymbidium　科名: 兰科
别名: 大花蕙兰、九子兰
分类: 多年生草本　株高: 30~80cm
耐寒性/耐热性: 稍弱·强
开花期: 12月~3月

花语
善意之情/
白: 深闺的丽人/粉: 高贵的女性

花色
白/粉/橙/黄/绿/
茶/多色

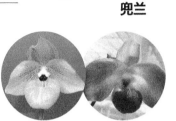

石斛兰·山蒜系

原产地: 东南亚
学名: Dendrobium
科名: 兰科
别名: 林兰
分类: 多年生草本
株高: 20~80cm
耐寒性/耐热性: 弱·强
开花期: 2月~4月

花语
任性的美人/华美的魅力

花色
白/红/粉/黄/紫/多色

石斛兰

兜兰

麻栗坡兜兰
(Malipoense)

越南兜兰X族群
(Vietnamanse)

风兰　　**钻喙兰**

黄体阿尔巴　**天蓝**
(Luteo-alba)　(Coelestis)

原产地: 澳大利亚
学名: Rhodanthe
别名: 花簪、卷翅菊
分类: 秋季一年生草本
株高: 20~40cm
耐寒性/耐热性:
强·弱

诞生花 6月27日

花语
温厚/永恒的友谊/
放射光芒

花色
桃粉/白

鳞托菊

喜好干燥环境
也是人气的干花品种

　　对于那些美丽的花卉来说，被误认为是精致的假花可能是一件有失尊严的事吧。鳞托菊的故乡在澳大利亚的干燥地区，不知是否出于这个原因，它的鲜花从内部就干巴巴的，这也能理解它为何常用于制成干花了。学名Rhodanthe在希腊语中是"玫瑰色的花"，和名取自它的外观——花簪。中心部分的筒状花才是它真正的花，看上去像花瓣的实际上是由总苞片变化而成的。花期结束结出种子后，会产生棉毛，风一起便会飘散到远方去。

	1月	2月	3月	4月	5月	6月	7月	8月	9月	10月	11月	12月
园艺开花期												
盆花流通期												
园艺管理			种植									

四季花语笔记

春

四季花语笔记

夏

四季花语笔记

秋

四季花语笔记

冬

图书在版编目（C I P）数据

花与花语 : 184种常见四季花卉手册 / （日）山田幸子著 ; 石衡哲译. -- 北京 : 人民邮电出版社, 2018.7
ISBN 978-7-115-48202-0

Ⅰ. ①花… Ⅱ. ①山… ②石… Ⅲ. ①花卉—观赏园艺—手册 Ⅳ. ①S68-62

中国版本图书馆CIP数据核字(2018)第060654号

图片：石仓Hiroyuki、fotolia

插画：小田桐慧美

内 容 提 要

本书是全面的介绍四季花卉的手册，书中包括了日常能看见的从街道到私人庭院中的百余种四季花卉，书中详细介绍了包括郁金香、三色堇、芍药、杜鹃、水仙、睡莲等鲜花名字的由来、常用花语、开花时节、颜色分类、种植信息，等等，使读者能够轻松查阅和对比各类常见的四季鲜花的基本信息与特征。

适合花艺师、花艺学校师生、婚礼策划师、花艺爱好者阅读。

◆ 著　　［日］山田幸子
译　　石衡哲
责任编辑　李天骄
责任印制　周昇亮

◆ 人民邮电出版社出版发行　北京市丰台区成寿寺路 11 号
邮编　100164　电子邮件　315@ptpress.com.cn
网址　http://www.ptpress.com.cn
北京九州迅驰传媒文化有限公司印刷

◆ 开本：787×1092　1/16
印张：10　　2018 年 7 月第 1 版
字数：195 千字　　2025 年 5 月北京第 30 次印刷

著作权合同登记号　图字：01-2017-1471 号

定价：59.00 元

读者服务热线：(010)81055296　印装质量热线：(010)81055316
反盗版热线：(010)81055315